世界の名銃100完全実力ランキング

BEST GUNS IN THE WORLD

宝島社

CONTENTS

第1章 ハンドガン編

HANDGUN

第2章 ライフル編

RIFLE

第3章 マシンガン編

MACHINEGUN

世界最強の銃はどれだ？

歴史の流れと共に数々の銃が世界各国で誕生してきた。技術の革新に伴いその性能やフォルムは目覚ましい進化を遂げている。しかしながら、古い銃だからといって性能が悪いとは限らない。中には誕生するのが早すぎた銃もあるだろう。そこで今回、世界が誇る名銃の実力を独断と偏見によるランキング形式で紹介したい。気になるあの銃の実力やいかに？

ランキング選定方法

本誌では、ハンドガン編、ライフル編、サブマシンガン編、ショットガン編、スナイパーライフル編と合わせて100丁の名銃を各カテゴリーごとにランキングしています。その選定方法は以下の5項目の総合得点を基準としています。

- **命中率** ………… 命中率の高さや命中精度向上のための構造などがポイント。
- **耐久性** ………… 耐衝撃性や過酷な環境下で問題なく作動するかなどがポイント。
- **連射性** ………… 連射時の速度や安定性、装弾数の多さなどがポイント。
- **威　力** ………… 主なポイントは使用弾薬の威力や貫通力など（同じ銃でも使用弾薬により威力が変わるため、銃本体の剛性や機構も含めた評価となります）。
- **人　気** ………… 軍や警察などでの採用実績や評価、セールス数や注目度、メディアへの登場回数の多さなど。

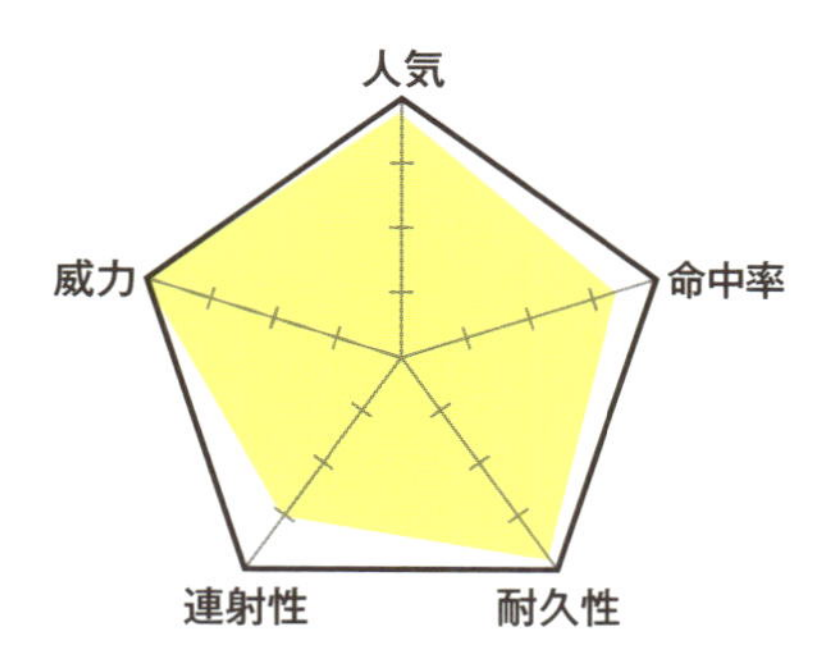

※ランキングに関しては、あくまでも本誌制作スタッフが実射・性能データならびに関係各方面の意見をもとに独断と偏見で決定したものとなります。あらかじめご了承くださいませ。

第1章

ハンドガン編

HANDGUN

ハンドガンは大きく分けてリボルバー（回転弾倉式拳銃）とオートマチック（自動拳銃）の2種類がある。現在の主流はオートマチックだが、リボルバーの信頼性を支持する層もまだまだ多い。

アメリカ陸軍の次期制式拳銃に決定

1位

SIG P320

人気	命中率	耐久性
20	19.5	20
連射性	威力	総合
20	19	98.5

一気に注目を集めたSIGの最新オート

2014年、アメリカで開催された世界最大の銃器見本市「ショットショー」においてSIGザウアー社が発表した最新自動拳銃。同社の「P250」をベースに開発されたポリマーフレームオートである。

2017年のアメリカ陸軍の制式拳銃トライアルにおいて「ベレッタM9」に継ぐ制式拳銃として、フルサイズモデルが「M17」、コンパクトモデルが「M18」の名称で採用決定となり注目を集めた。

SIGで初めて「ストライカー方式（ハンマーを使用せずスプリングの力で撃発させる方式）」を採用したモデルとなり、P250同様シンプルな操作性を意識した設計となってい

SPECIFICATIONS

全長	203mm	重量	836g
装弾数	10発(.45ACP)、14発(.40S&W、.357SIG)、17発(9mm×19)		
使用弾薬	9mm×19、.40S&W、.357SIG、.45ACP		
発売年	2014年	製造国	スイス

銃本体右側。親指で操作できるグリップ上部の安全装置、サムセイフティが左右両方に配置されている。

る。スライド部やフレーム部、グリップなどのパーツは交換可能であり状況に応じて様々なサイズや口径、マガジン（弾倉）で構成することができる。また、近代オートに不可欠なオプション装備取り付け用のレールも備えられている。そして今回、アメリカ陸軍次期制式拳銃に選定された「M17」、「M18」に関しては、光学照準器搭載用のスライド加工、防塵・防泥加工などの仕様が追加され、本銃用に新たな2種類の9㎜弾、特殊用途弾も供給されることが決定したという。

2015年にタイの国家警察庁が9㎜×19モデルを採用しているが、アメリカ陸軍制式拳銃として箔が付いたことで本銃の名前と実力が世界を席巻することは確実である。

ハイパワーながら軽量で反動も少ない

2位

FN ファイブセブン

98点

人気
命中率
耐久性
連射性
威力

人気	命中率	耐久性
19	20	19
連射性	威力	総合
20	20	98

玩具っぽいフォルムに騙されるな

ボディアーマーを貫く貫通力を持つ小口径高装弾を使用するベルギー製PDWのP90（※P106参照）と同じ弾薬を使用できる拳銃として、セットで公的機関向けの需要を狙うべく開発された。

ファイブセブン（英表記：Five-seveN）という名称は5・7㎜弾を使用することと、製造元のFN（ファブリック・ナショナル）社の頭文字の「F」と末尾の「N」に由来している。

銃の上部がプラスチック製パーツで覆われており、連続射撃時の表面の過熱や、極寒時の張り付きから射手の手を保護する仕様となっている。

使用弾薬は通常の拳銃弾より

銃本体右側。トリガーを引く指で左右どちらからでも操作可能なアンビタイプのセイフティ（安全装置）を採用している。

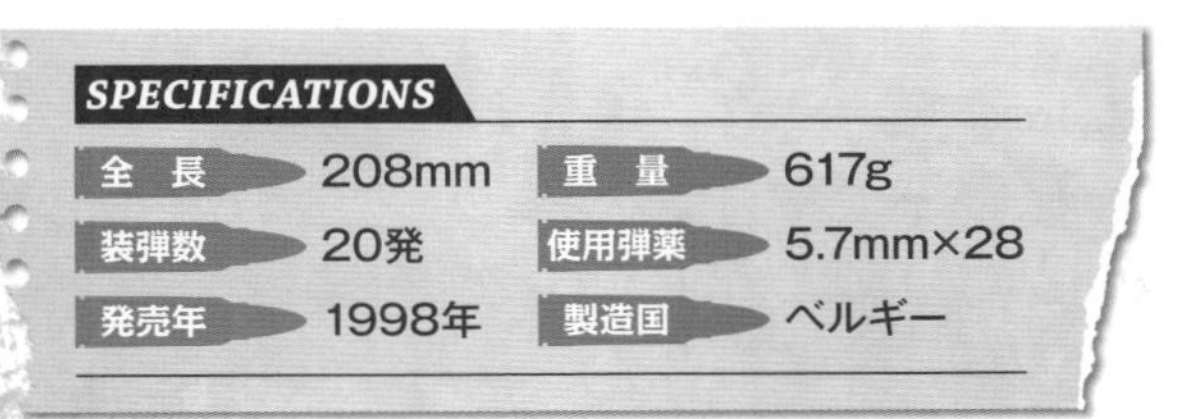
SPECIFICATIONS

項目	値	項目	値
全長	208mm	重量	617g
装弾数	20発	使用弾薬	5.7mm×28
発売年	1998年	製造国	ベルギー

圧倒的に細く、マガジン（弾倉）に装填できる弾数も20発と極めて多い。他に30弾装填可能なロングマガジンや、アメリカの一部の州における規制に対応した10発装填マガジンが存在する。アメリカでの市販に際しては、貫通力をやや弱めたSS197SRという弾薬との組み合わせで市場に投入された。

外面を構成するパーツのほとんどがプラスチック製のため、このサイズの拳銃としては異例の617gという軽量さを誇る。

その玩具銃のようなフォルムとは裏腹に高い性能と抜群の破壊力を誇り、プロから絶大な支持を得ている新機軸の自動拳銃である。

オーソドックスな機構で扱いやすい

3位

H&K USP

97点

人気
命中率
耐久性
連射性
威力

人気	命中率	耐久性
19.5	19.5	20
連射性	威力	総合
19	19	97

シンプルにすることで商業的に成功

1970年代、ドイツの銃器メーカーH&K（ヘッケラー・アンド・コッホ）社は、現在の主流であるポリマー（樹脂製）フレームオートの先駆けとなる革新的な機構の拳銃の開発に着手していた。

しかしながらいずれも商業的には失敗に終わり、原点回帰となるオーソドックスな機構の拳銃を生み出した。それがこのUSPであり、その扱いやすさとシンプルさで商業的に大成功を収めた。

握りやすいグリップ（銃把）や操作しやすいレバー類など人間工学的に考えられたデザインで、採用される国や組織に合わせてレバーの操作方法などが異なる多くのバリエー

ボスニア・ヘルツェゴビナでの戦闘訓練において、P8（USPの軍用モデル）を使用するドイツ連邦軍の歩兵中隊員（右）。

SPECIFICATIONS

全長	194mm	重量	748g
装弾数	15発(9mm×19)、13発(.40S&W)、12発(.45ACP)		
使用弾薬	9mm×19、.40S&W、.45ACP		
発売年	1993年	製造国	ドイツ

ションモデルが存在し、世界中の軍や警察に採用された。

日本警察の特殊部隊である「SAT」でも訓練映像において本銃を使用する隊員が確認されており、陸上自衛隊の一部部隊にも装備されている。

元々は.40S&W弾仕様として開発されたが、マガジンとバレル（銃身）が組み込まれている銃本体の上部を交換することで9㎜パラベラム弾仕様に変更可能な仕組みとなっている。.45ACP弾モデルはサイズもやや大きく、アメリカ市場向けに開発された。

ちなみにUSPという名称は、Universal Self-loading Pistol（汎用型自動拳銃）を略したものである。

名銃の名を継ぐポリマーフレームオート

S&W M&P

人気 96.5点

威力　命中率　連射性　耐久性

人気	命中率	耐久性
19	19.5	19
連射性	威力	総合
20	19	96.5

装い新たに甦る21世紀の〝ミリポリ〟

M&P（ミリタリー&ポリス）という名前は、世界中の軍隊や警察で使用された現代リボルバーの原点といえる名作S&WM10（※P48参照）の愛称である。本銃はその名称を継承した自動拳銃だ。

ポリマーフレームオートが主流の現在において、一歩出遅れた感のある名門S&W（スミス・アンド・ウェッソン）の入魂の一丁として評価も採用実績も上々の結果を見せている。

設計に際しては現代のトレンドに合わせた実用性の高い銃を目指すべく、多くのユーザーの意見が取り入れられた。グリップ部は射手の手のサイズに合わせて後部から側

S&W製オートの久々のヒット作となったM&P。こちらはM&Pの.40S&W弾使用モデルとなる「M&P.40」である。

SPECIFICATIONS

項目	値	項目	値
全長	191mm	重量	680g
装弾数	17発	使用弾薬	9mm×19
発売年	2005年	製造国	アメリカ

面部を覆うストラップが交換可能。ポリマーフレームにはスチール製のインナーフレームが埋め込まれており、強度も抜群である。また通常のモデルに加え、銃身の長いモデルやコンパクトサイズのモデルも存在し、使用する弾薬もバラエティに富んでいる。

２０１２年には法執行官の隠密携行に特化した「M&Pシールド」が発表された。基本的な設計や外観を受け継ぎながら、部品の互換性のない新規設計のサブコンパクトモデルである。

現在ではアメリカのDEA（麻薬取締局）や警察署、ベルギー国家警察をはじめ世界中の法執行機関での採用が進んでいる。

自動拳銃の常識を覆した革命児

グロック17

人気	命中率	耐久性
20	18.5	19
連射性	威力	総合
20	18	95.5

銃の歴史を変えた ポリマーフレーム

およそ100年、基本的な構造に大きな変化がなかった自動拳銃の世界だが、1982年に大変革が巻き起こった。グリップとフレーム部分を金属ではなく、強化プラスチックで形成したポリマーフレームオートが誕生したのだ。

そのパイオニア的存在となったのが、オーストリアのプラスチック製品メーカーが軍の新型制式拳銃への採用を念頭に開発したグロック17である。

寒さが厳しく山岳地帯が多いオーストリアにおいて、自国軍はコルトガバメントなど西側の銃を装備していた。しかし、それらの銃は厳寒地仕様でないため使い勝手が悪

グアムのシューティングレンジにて、グロック 17 を撃つ。現地のガンマニアをはじめ観光客にも人気のハンドガンである。
写真：G.O.S.R.

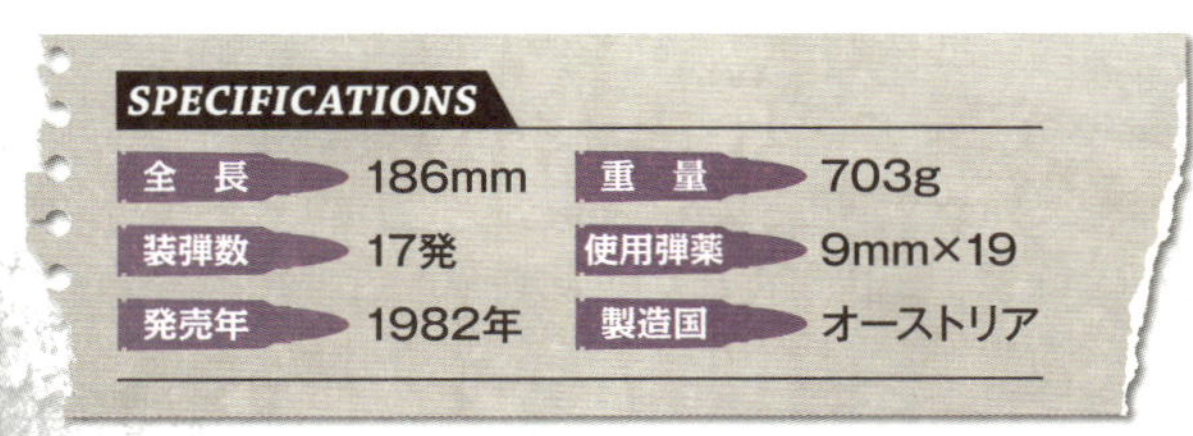

SPECIFICATIONS

全長	186mm	重量	703g
装弾数	17発	使用弾薬	9mm×19
発売年	1982年	製造国	オーストリア

かった。だが、グリップとフレームを一体化して強化プラスチックで作った拳銃なら素手で触れても凍傷の危険も少なく、軽量で携行しやすい。

最初こそ「プラスチック銃」として色眼鏡で見られたものの、徐々にその内部のメカニズムも含めた斬新で卓越した性能が認められ、アメリカをはじめ世界中で商業的な大成功を収める。その結果、多くの銃器メーカーがポリマーフレームオートの開発競争に乗り出し、一大ムーブメントとなる。

ちなみに、発売して間もない頃に本銃はプラスチック製なので空港のX線検査装置に映らないと話題になったが、銃身などは金属なのでこの話はデマである。

自動拳銃の王と呼ばれる不朽の名作

6位

Colt M1911A1

(通称:ガバメント)

95点

人気 / 命中率 / 耐久性 / 連射性 / 威力

人気	命中率	耐久性
20	17	20
連射性	威力	総合
18	20	95

アメリカを象徴する45オート

アメリカの銃器設計家であるジョン・ブローニングが、1892年に手がけた自動拳銃をベースに強烈な威力を誇る「.45ACP」と呼ばれる太い直径の弾薬を使用する新型軍用拳銃として開発。

100年以上も前に設計された、文字通り前世紀の銃ながら現在もなお「自動拳銃といえばガバメント」と、高い評価を受けている自動拳銃のキングと呼んでも過言ではない不朽の名作である。

74年もの長い間、アメリカ軍の制式拳銃として使用された実績に加え.45ACP弾の「マン・ストッピング・パワー(敵を瞬時に打ち倒し行動不能にする能力)」と呼ばれる破

ガバメントをアメリカ海兵隊仕様にカスタマイズした「M.E.U. ピストル」で射撃訓練を行う海兵隊員。

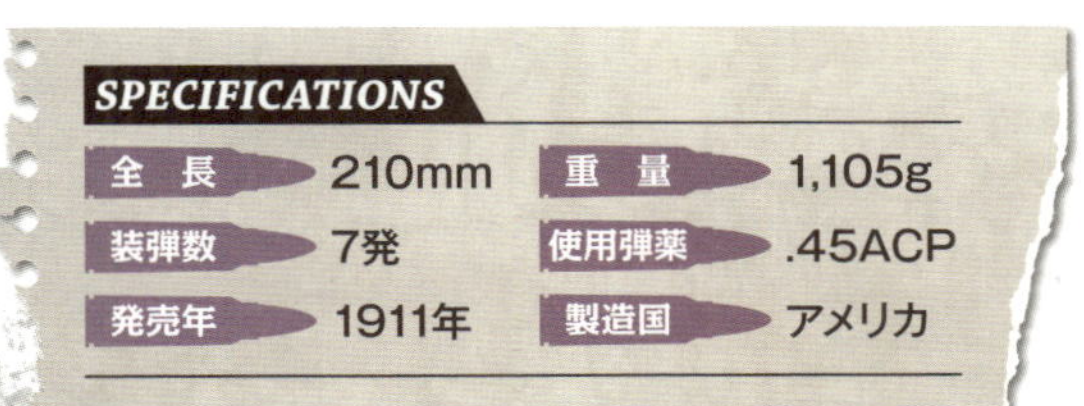

SPECIFICATIONS

全長	210mm	重量	1,105g
装弾数	7発	使用弾薬	.45ACP
発売年	1911年	製造国	アメリカ

壊力神話が決め手となり、未だその人気は衰えを知らない。

現代的観点から見ると設計の古さ故の欠点も否めないが、堅牢性・優れた安全機構・大威力という軍用拳銃に求められる三要素を揃えているため、世界各国の軍はもちろんのこと、法執行機関などから高い信頼を得ている。

現在も「スプリングフィールド」「キンバー」「パラ・オードナンス」など、本銃をベースとした様々なバリエーションのモデルが各メーカーで生産されている。

通称の〝ガバメント〟は、民間用に発売されたモデルのひとつである「ガバメント（官給型）モデル」に由来する。

一時代を築いたイタリアンオート

7位

ベレッタM92F

94点

人気
命中率
耐久性
連射性
威力

人気	命中率	耐久性
19.5	18.5	18
連射性	**威力**	**総合**
19	19	94

アメリカ軍制式拳銃として活躍

イタリアのピエトロ・ベレッタ社が自社の自動拳銃「ベレッタM1951」をベースに、軍用にも法執行機関用にも対応可能な機能を備える大型自動拳銃として開発に着手。そして完成したのがM92Fである。

「コルトM1911A1」（※P18参照）に続くアメリカ軍制式採用拳銃として1984年の選定トライアルを勝ち残り、「M9」の名称で制式化。1980年代半ばから1990年代にかけて映画やドラマなどでも一世を風靡した。

イタリアらしい曲線が主体の優美なフォルムも人気のひとつであり、スライド上面を大きく切り欠いたベレッタ特

アメリカ軍兵士の手に握られた、ホールドオープン（スライドを引ききった）状態のベレッタ M9。

SPECIFICATIONS

全長	217mm	重量	970g
装弾数	15発	使用弾薬	9mm×19
発売年	1975年	製造国	イタリア

有のデザインが特徴的である。初期においては皮肉にも、このデザインが弱点となるスライドの破損事故が発生するが、適切な補強処理を施して以降破損や事故の発生はなくなったようである。

9㎜パラベラム弾を15発装填できるダブルカラム・マガジン（複列弾倉）、トリガー（引き金）を引くだけでハンマー（撃鉄）が起き、再びハンマーが落ちて発射するダブルアクションという、重武装化する犯罪者への対処に必要不可欠な機能を備えていることも多くの支持を得られた理由である。

ポリマーフレームオートが主力である現在においても、しばらくは本銃の需要が衰えることはないだろう。

タフで信頼性の高いSIG社の傑作自動拳銃

8位

SIG P226

人気	命中率	耐久性
18.5	19	18
連射性	威力	総合
19	19	93.5

SPECIFICATIONS

全長	196mm	重量	964g
装弾数	15発(9mm×19)、12発(.357SIG、.40S&W)		
使用弾薬	9mm×19、.357SIG、.40S&W		
発売年	1983年	製造国	スイス

世界中の軍や警察で採用されるヒット作

スイスのSIG社とドイツのザウエル（ドイツ語読みではザウアー）＆ゾーン社が合併したSIGザウエル社が1976年に発表した自動拳銃「P220」を改良したモデルがこのP226である。

総合的に優れた性能を持つP220だったが、アメリカ軍次期制式拳銃の座を狙うべく弱点である装弾数の少なさをカバーする、ダブルカラム・マガジン（複列弾倉）を採用したモデルとして開発。

P226は1984年の選定トライアルにおいて、イタリアのベレッタM92Fと最後まで争い、接戦のすえ、惜しくもその座をベレッタに譲る結果となった。これについて

グアムのシューティングレンジにて、ハンドガンの分解・組み立て中の１コマ。手前にあるのが分解状態の P226 だ。写真：G.O.S.R.

は価格の高さと、標準的な安全装置を備えていないことなどが敗因と考えられている。

安全装置の役割を果たす機能としてはＰ２２０と同様にグリップ側面に備えられた、ハンマーを安全な位置に戻すための「デコッキングレバー」を採用。ハンマーを戻しておくと次に発射する際に力を入れてトリガーを引く必要があり、その重さが安全装置になるという考え方である。耐久性に関しては長時間水や泥に浸けても確実に作動するほど優れている。

その信頼性と性能が高く評価され、世界中の多くの軍や警察に採用される大ヒット作となった。

様々な機器が装着可能な大型自動拳銃

H&K Mk23 SOCOM

人気	命中率	耐久性
18	18	19
連射性	威力	総合
19	19	93

特殊部隊用に開発されたタフで強大すぎる存在

US SOCOM（アメリカ特殊作戦軍）が次期採用銃に課した条件は、従来軍隊ではサイドアーム（補助銃器）扱いの拳銃にメインアーム（主力銃器）クラスのパワーを持たせるということだった。

この厳しい条件を満たすため、ドイツのH&K社は当時開発中だったUSP（※P12参照）をベースに様々な改良を加えた。そして完成したのがMk23SOCOMである。

単なる拳銃ではなく、サブマシンガンなどに代替しうる強力な攻撃力を備えた「オフェンシブ・ハンドガン（攻撃型拳銃）」として、加工なしで装着できる専用のサプレッサー（減音器）、特殊仕様の

アメリカ、ノースカロライナ州の海兵隊基地キャンプ・ルジューヌにて。SOCOM（アメリカ特殊作戦軍）戦略会議に参加した陸海空軍の将校たち。

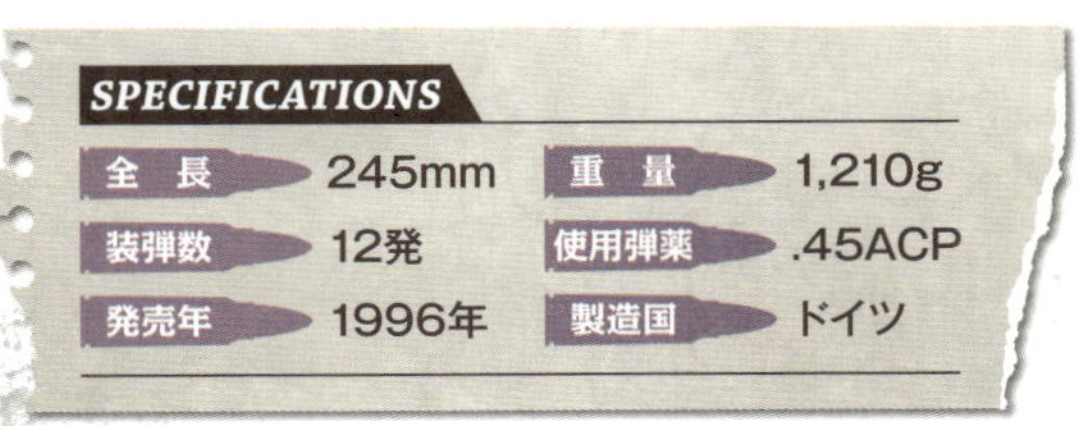

SPECIFICATIONS

全長	245mm	重量	1,210g
装弾数	12発	使用弾薬	.45ACP
発売年	1996年	製造国	ドイツ

レーザー照準器とセットで配備された。また、銃本体と射手に掛かる発射時の反動を大幅に軽減する反動軽減装置の搭載、過酷な環境に耐えうる強靱さと汎用性、高い命中精度など、特殊部隊司令部のオーダーを十分に満たす仕様となった。だが皮肉なことに条件を満たしたが故に、ポリマーフレームオートにもかかわらず、かなりの重量を誇る大柄な銃となってしまい特殊部隊隊員でも持て余す結果となってしまう。

特殊部隊はのちに扱いやすいコンパクトな自動拳銃を採用。本銃は1997年に民間向けにはMark23の名称で販売が開始されている。

実用的自動拳銃としては最強の存在

デザートイーグル

人気 92.5点

威力 命中率 連射性 耐久性

人気	命中率	耐久性
19.5	17.5	18
連射性	威力	総合
17.5	20	92.5

見た目も大迫力の“ハンドキャノン”

マグナム・リサーチ社が1982年に初期モデルを発表。以降は、イスラエルのIMI（Israel Military Industries）社が製造権を獲得、量産を行っている、マグナム弾を発射する大型自動拳銃がデザートイーグルである。

屈強な男の手にも余るような大型で無骨なフォルムと、高い威力を持つ各マグナム弾を使用することから、兵士などから「ハンドキャノン（手持ち大砲）」なるあだ名で呼ばれている。

一般的な拳銃とは異なり、通常であれば軍用ライフルなどに採用される作動メカニズムを小型化したようなものが

鮮やかなステンレスシルバー仕上げのデザートイーグル。ハンドキャノンの名にふさわしい迫力とパワーは圧倒的である。
写真：G.O.S.R.

SPECIFICATIONS

全長	269mm（.44マグナム）	重量	1,897g
装弾数	7～9発（使用弾薬により異なる）		
使用弾薬	.41マグナム、.44マグナム、.357マグナム、.50AE		
発売年	1982年	製造国	イスラエル

銃身下部に組み込まれているのが特徴。ゴツい見た目はその独特のメカニズムによるものだ。そのためグリップ部も大きくなり、安全装置を片手で操作しづらい弱点もあるが、マグナム弾を使用する自動拳銃としては稀少な成功例といえよう。リボルバー用の強力な357、41、44の各マグナム弾を使用するモデルに加えて、1988年に本銃向けとして特別に開発された・50AE弾を使用できるモデルもある。この・50AE弾は市販の量産拳銃弾の中では屈指の威力を有している。

一部でイスラエルの制式拳銃であるとの噂が流れたが、一部の兵士が個人購入したものを装備しているだけであった。

世界最高のセミオートと呼ばれた銃

11位

Cz75

人気	命中率	耐久性
19	19	18
連射性	威力	総合
18	18	92

剛材削りだしで生産された名銃

1970年代にチェコスロバキア（当時）が、名銃として誉れ高いベルギー製ブローニング・ハイパワー（※P41参照）をベースに開発した軍用自動拳銃の傑作である。

チェコスロバキア製の銃器はその設計技術と製造品質の高さを評価されており、本銃に関しても輸出売上高が急速に拡大。同国の外貨の獲得に優良な供給源として重宝されたという。

前期モデルは、同国が当時共産主義であったため、コストパフォーマンスを重要視する必要がなく、強度の高い最高級剛材の削り出し加工により生産された。高品質にもかかわらず価格は安く、当時少

こちらはCz75の近代バージョンであるポリマーフレーム仕様の「Cz75 SP-01」をコンパクト化した「Cz75 P-01」。

SPECIFICATIONS

全長	203mm	重量	980g
装弾数	15発	使用弾薬	9mm×19
発売年	1975年	製造国	チェコスロバキア

なかったダブルカラム・マガジン（複列弾倉）を採用したこともあり、銃器愛好家の間で高い評価を受けた。

後期に生産されたモデルは製造工程を剛材削り出しから精密鋳造へと変更。それにより低下した強度を補うため、スライド部とフレーム部の形状を若干変更するなどデザイン面でもいくつかの変更が加えられた。前期モデルに関しては、旧共産圏の銃はアメリカでは入手困難なため、レアな銃として高値で取引されている。

アメリカの競技射撃界の第一人者であるジェフ・クーパーに世界最高の「コンバットオート」として絶賛されたことも人気の要因である。

唯一無二のデザインを誇るハイパーオート

AMTオートマグ

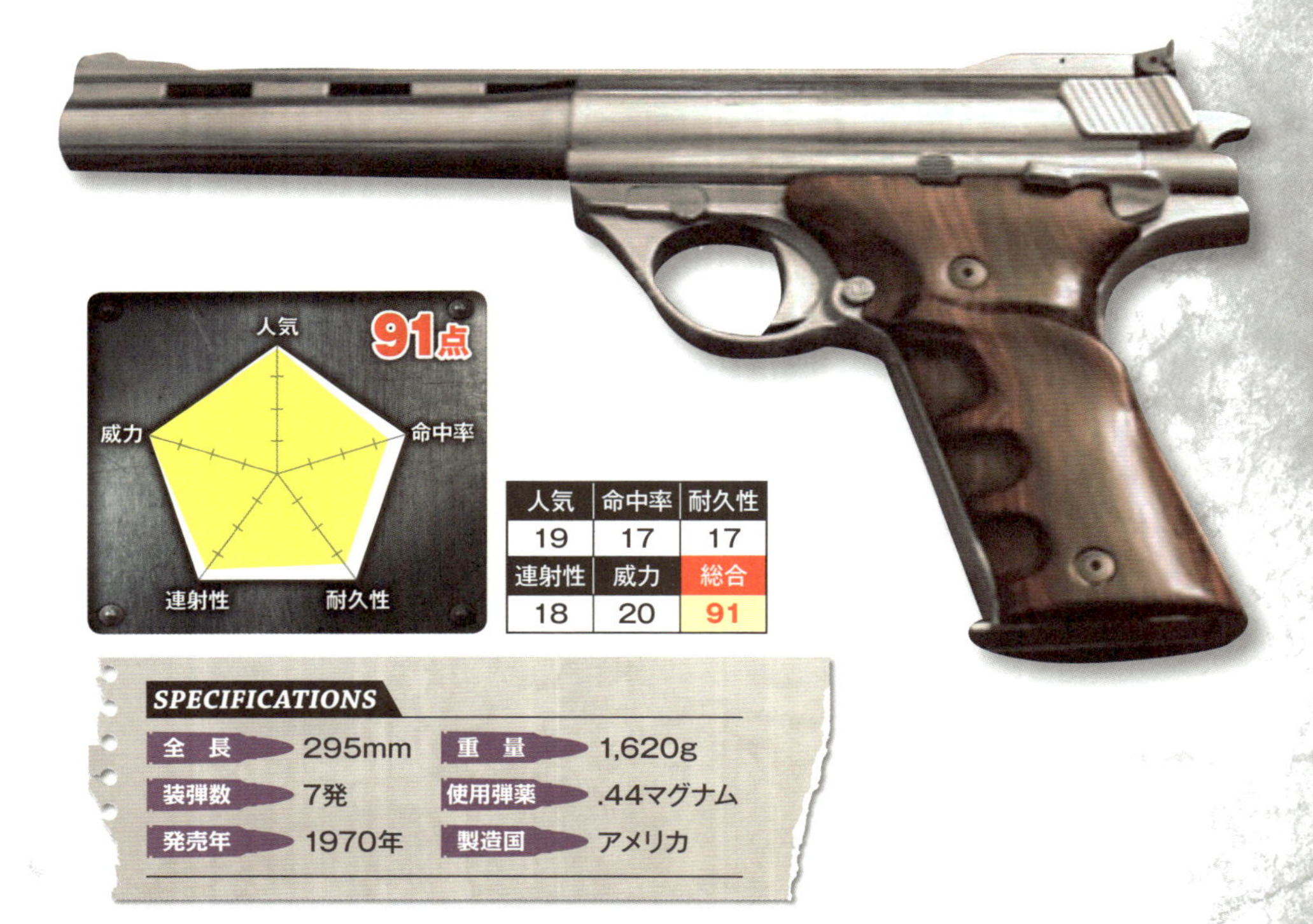

人気	命中率	耐久性
19	17	17
連射性	**威力**	**総合**
18	20	91

SPECIFICATIONS

全　長	295mm	重　量	1,620g
装弾数	7発	使用弾薬	.44マグナム
発売年	1970年	製造国	アメリカ

時代を先取りしすぎた意欲的な設計

AMT社が1970年に発表。世界初のマグナム弾を使用する大型自動拳銃として登場したのが本銃である。強度と耐摩擦性の高いステンレス素材を使用することで、強力なマグナム弾の威力に耐えうる最強の自動拳銃という新ジャンルの先駆的存在として当時注目を浴びた。だが当時まだまだ未熟であったステンレス加工技術に加え、素材や複雑な発射機構によるトラブルが多発。銃器としての実用性における評価も人気も芳しいものではなかった。しかしながら、その優雅なスタイルと、マグナム弾を発射するオートマチック拳銃という唯一無二の魅力がコアなファンを生み出した。

リボルバー界の“ロールスロイス”

Colt パイソン

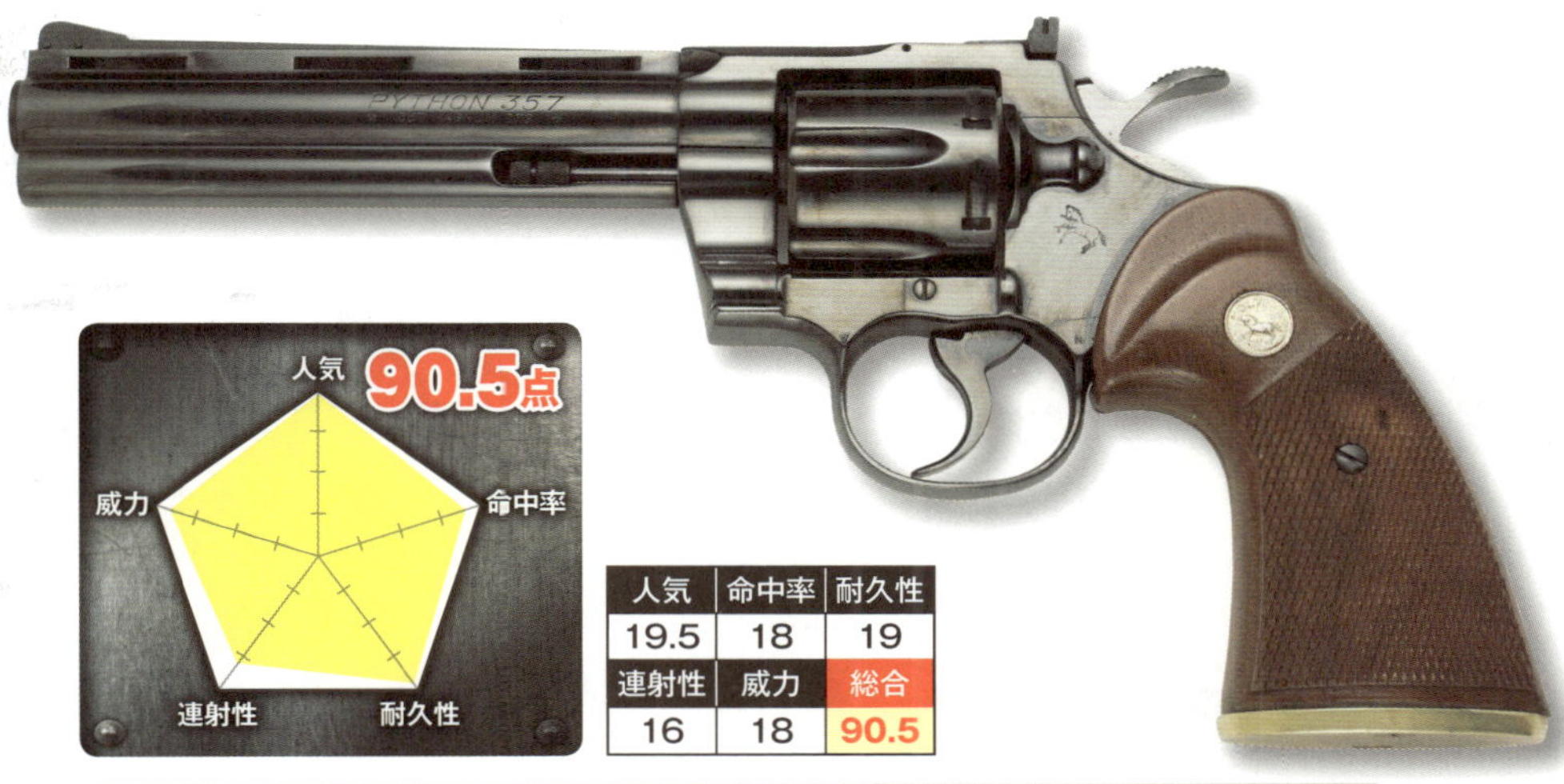

人気	命中率	耐久性
19.5	18	19
連射性	威力	総合
16	18	90.5

SPECIFICATIONS

- 全長　291mm (6インチバレル)
- 重量　1,150g
- 装弾数　6発
- 使用弾薬　.357マグナム
- 発売年　1955年
- 製造国　アメリカ

高級感漂うデザインが日本でも大人気

コルト社が1955年に発表した、強力な・357マグナム弾を発射するリボルバー(回転弾倉式拳銃)。高級散弾銃のようなモチーフの意欲的なデザインは多くのガンマニアの目を引いた。バレル上部には連続射撃時にバレルが帯びる熱を逃がす役割を担う穴、バレル下部には弾薬を弾倉から押し出す棒状のパーツを覆うバレルと同じ長さのカバーが設けられている。加えて表面の仕上げも非常に念入りに行われており、価格も非常に高価である。そのため警察などでの使用は多くなかったという。一方でその洗練された外観から、日本のドラマや漫画などで人気を博した。

野生動物も倒す必殺の大型リボルバー

S&W M29

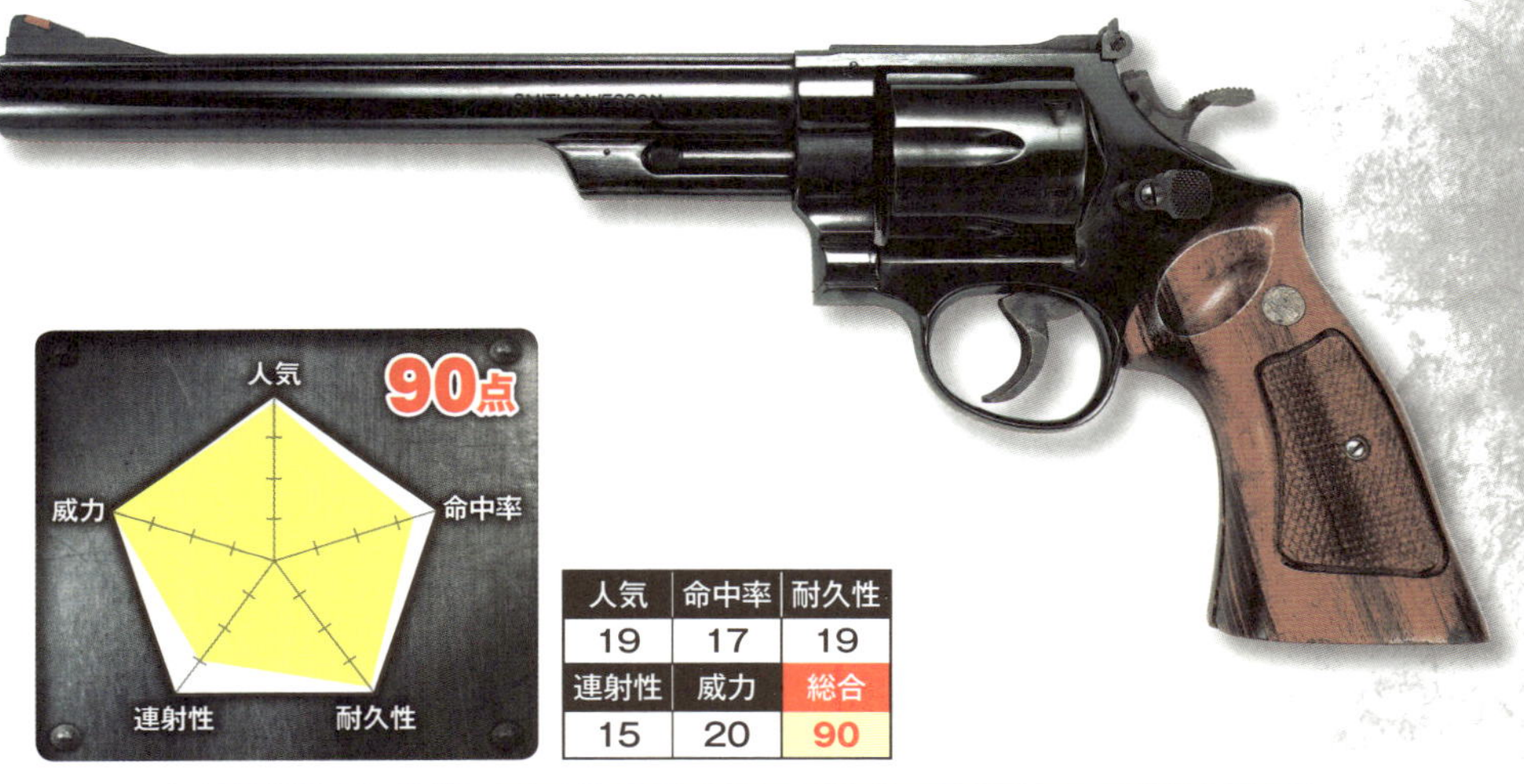

90点

人気	命中率	耐久性
19	17	19
連射性	**威力**	**総合**
15	20	90

SPECIFICATIONS

全長	306mm (6 1/2インチバレル)				
重量	1,396g	装弾数	6発	使用弾薬	.44マグナム
発売年	1956年	製造国	アメリカ		

大ヒット刑事アクション映画で一躍有名に

S&W社が開発した破壊力抜群の.44マグナム弾を使用する大型のリボルバーである。1971年のアメリカ映画『ダーティハリー』の主人公、ハリー・キャラハン刑事の愛銃として登場し、作品の大ヒットとともに〝.44マグナム〟との呼び名で世界中にその存在を知らしめた。リボルバーのフレームは使用弾薬に合わせていくつかのサイズがあるが、本銃はその強力なマグナム弾に耐えるため最も大型のNフレームを使用して設計されている。開発当初においては、熊などの大型野生動物を狩猟する際のサイドアーム（補助拳銃）というコンセプトであった。

自動拳銃黎明期に生まれし異形の王

モーゼルC96

人気	命中率	耐久性
18	18	17
連射性	威力	総合
18	18	89

SPECIFICATIONS

全長	312mm	重量	1,130g
装弾数	10発/20発	使用弾薬	7.63mm×25モーゼル
発売年	1896年	製造国	ドイツ

〝ホウキの柄〟と呼ばれた独特のグリップ

ドイツのモーゼル（マウザー）社が1896年に発表した大型自動拳銃。その独特なグリップ部の形状から〝ブルームハンドル（ホウキの柄）〟という異名を持つ。トリガーより前に固定式マガジンがあり、ライフルのようにクリップを使って弾を装填していくという、いかにも自動拳銃黎明期の銃だ。板状の肩当てストックを装着することで、ライフルのように構えて射撃できるため通常の拳銃より遠距離が射程範囲となる。1931年以降は、マガジンが固定式から着脱式に変更され、連射を可能にしたモデルに切り替わり、現代のマシンピストルの先駆けとなった。

近代自動拳銃の先駆け的存在

16位

ワルサーP38

人気	命中率	耐久性
18	18	18
連射性	威力	総合
17	17	88

SPECIFICATIONS

全長	216mm	重量	800g
装弾数	8発	使用弾薬	9mm×19
発売年	1938年	製造国	ドイツ

日本ではアニメでその名が知れ渡った

1938年にドイツ軍で制式採用された本銃は、日本においてはアニメ版『ルパン三世』で一躍有名になった名銃だ。それまで30年にわたり制式拳銃であった「ルガーP08（※P36参照）」に代わる軍用自動拳銃として登場したが、実際のところ完全な移行は行われていなかったようである。軍用拳銃として高い評価を受けており、現代の自動拳銃ではスタンダードとなっている、安全装置をかけることでハンマーが自動的に安全な状態になる仕組みや、ダブルアクション機構の先駆的存在である。第二次世界大戦後は、改良されたモデルが多くの国や警察で使用された。

合理的機構を備えた警察用オート

17位

H&K P7

人気	命中率	耐久性
17	18	17.5
連射性	威力	総合
17	17.5	87

SPECIFICATIONS

全長	171mm	重量	780g
装弾数	8/10/13発	使用弾薬	9mm×19、.40S&W
発売年	1976年	製造国	ドイツ

独自のメカニズム〝スクイズ・コッカー〟

1970年代、西ドイツ（当時）を含む西ヨーロッパ諸国で頻発したテロに対処すべく、新たな警察用拳銃として開発された。その最大の特徴は、発射時のガス圧でスライドの後退を短時間抑え込む「ガス・ディレード・ブローバック」と、射手がグリップを握り込むと撃発の準備ができ、グリップを放すと撃発機能が解除され、発射ができなくなる「スクイズ・コッカー」という独特のメカニズムである。特に後者は、銃から手を放すだけで確実に安全な状態となる合理的な機構であり、その安全性と即応性からドイツの対テロ部隊にもハイジャック事件などの突入作戦用に支給された。

独特の機構を持つ軍用拳銃の名作

ルガーP08

18位

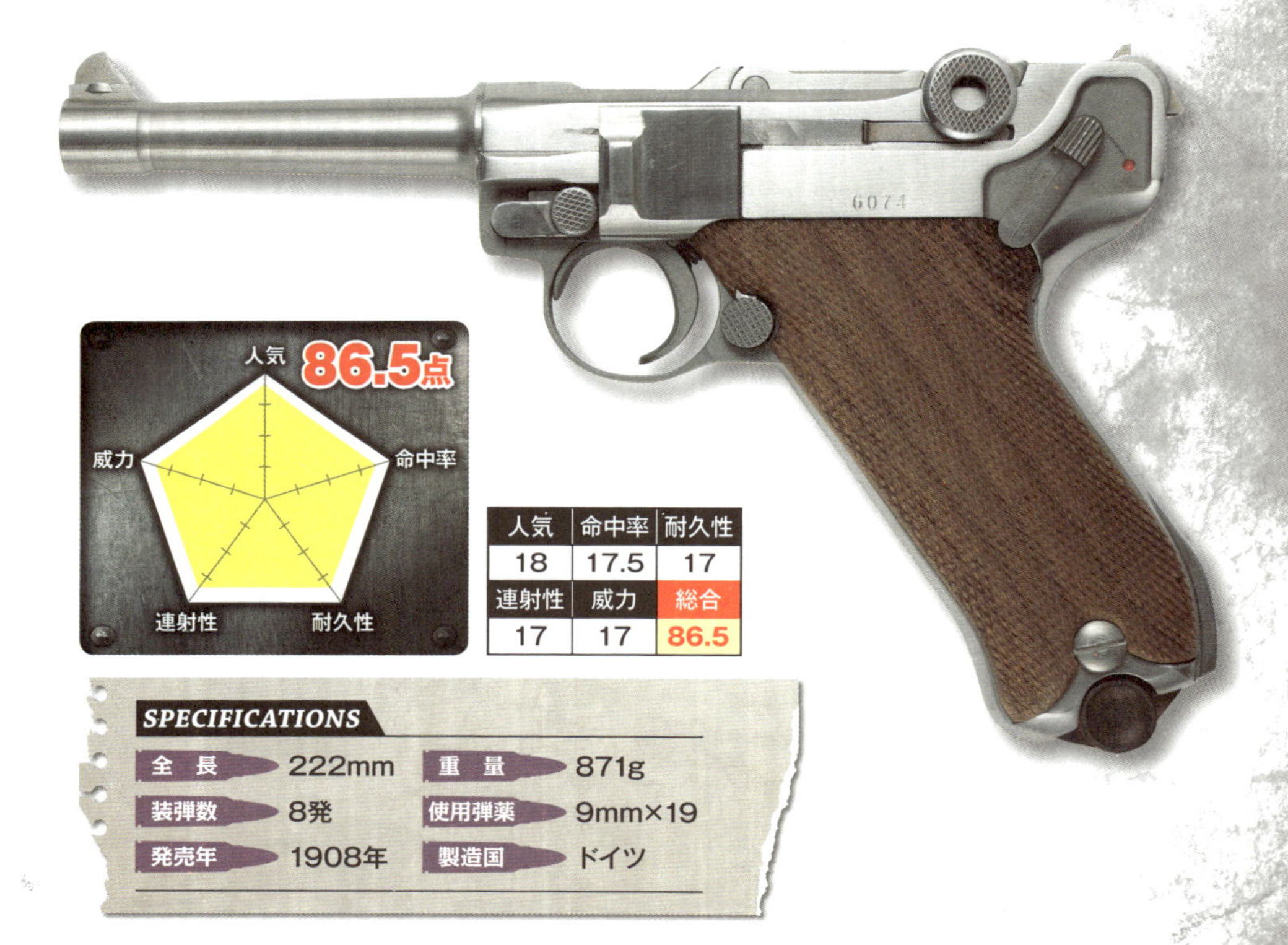

人気	命中率	耐久性
18	17.5	17
連射性	威力	総合
17	17	86.5

SPECIFICATIONS

全長	222mm	重量	871g
装弾数	8発	使用弾薬	9mm×19
発売年	1908年	製造国	ドイツ

歴史的なデザインで熱狂的ファン多し

大型で無骨な形が多かった自動拳銃の黎明期において、比較的小柄でスマートなデザインを持つ軍用拳銃が誕生した。1908年にドイツ軍に制式採用されたことから「P08」と呼ばれる本銃である。

第一次世界大戦で頻発した迷路のような塹壕(ざんごう)内での戦闘においては、長くて扱いづらいライフルを持て余す連合軍に対し、小型で連射が効くP08がその威力を最大限に発揮したといわれる。

何といってもその特徴は、銃の上部にある尺取り虫のように「く」の字に折れ曲がるパーツである。これは発射した弾の反動を一瞬だけ吸収してブローバック（一発撃つごと

にスライドと呼ばれる部分が後退して次の弾を装弾する動き）開始のタイミングを調節する役目を担う「トグルアクション」と呼ばれるものである。
　この機構は現在では廃れてしまったが、その独特な作動から現在もファンが多い。
　第二次世界大戦においては、製造に手間がかかる本銃はナチス・ドイツの制式拳銃とはならなかったが、自費で使用し続ける兵士も多かったことから世界的には「ナチスの拳銃」というイメージで知られる。
　その機能と美麗なフォルムから、現在でもコレクターの間で高値で取引されているという。まさにヨーロピアン・アート的価値のある名銃といえよう。

大迫力のガバメントクローン拳銃

19位

ハードボーラー

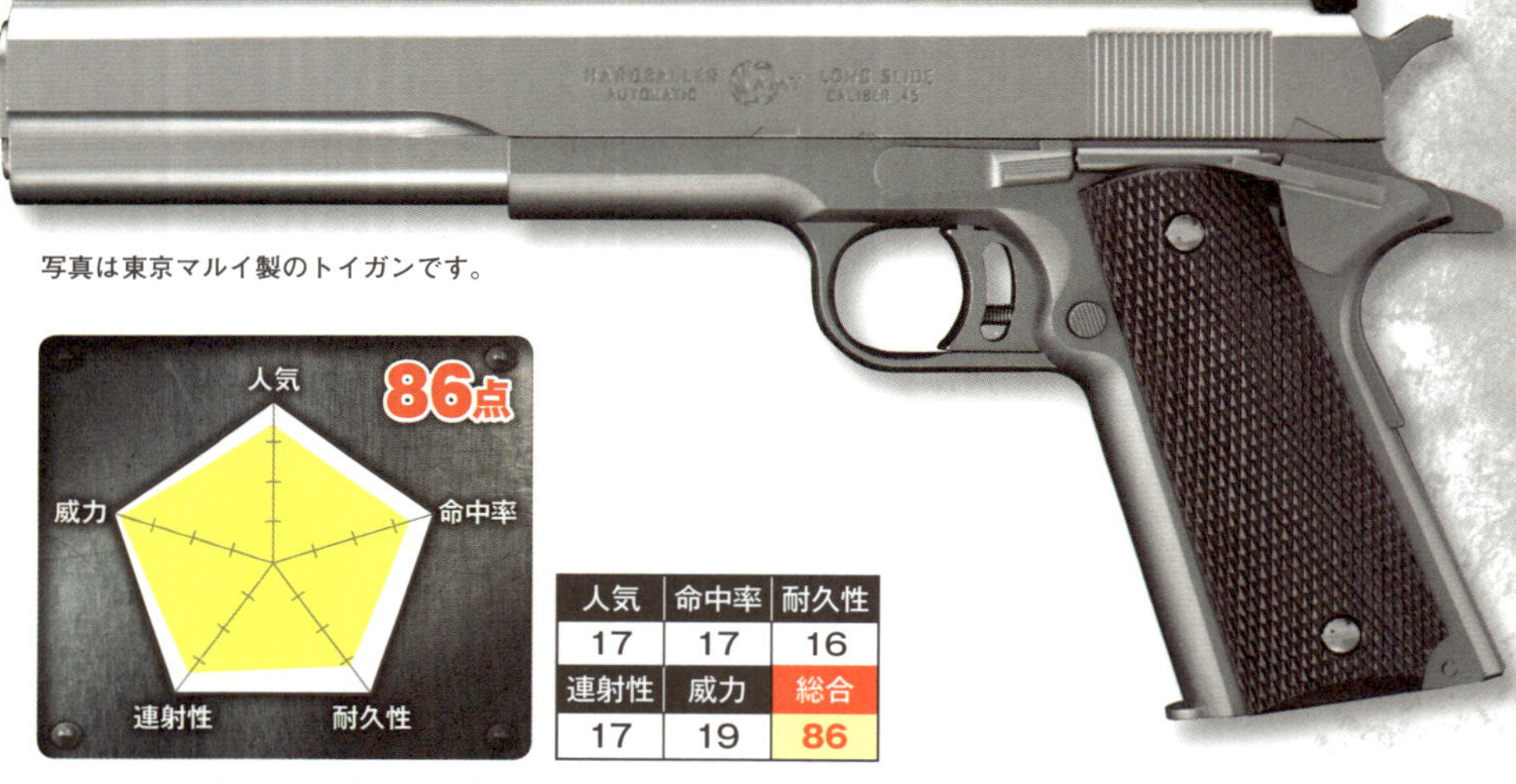

写真は東京マルイ製のトイガンです。

86点

人気 / 命中率 / 耐久性 / 連射性 / 威力

人気	命中率	耐久性
17	17	16
連射性	威力	総合
17	19	86

SPECIFICATIONS

全長	267mm（7インチロングスライド）				
重量	1,306g	装弾数	7発	使用弾薬	.45ACP
発売年	1977年	製造国	アメリカ		

あの殺人マシーンが使用して有名となった

アメリカのAMT社が、コルトM1911A1（※P18参照）のクローンモデルとして製造したオール・ステンレス製の45口径大型自動拳銃。マイナーな銃だったが、1984年に公開された映画『ターミネーター』で殺人マシーンT-800がレーザー照準器付きの本銃を使用したことで、一気にその知名度が上がった。「ハードボーラー」の名称は開発当時、フルメタルジャケット弾（弾の芯が金属で覆われている貫通製の高い弾薬）以外の弾薬とは相性が良くなかったことから、軟らかい鉛の部分が露出していない硬い弾（ハードボール）の使用を勧めたことからきている。

斬新なアイデアが随所に光る意欲作

20位

ルガー セキュリティシックス

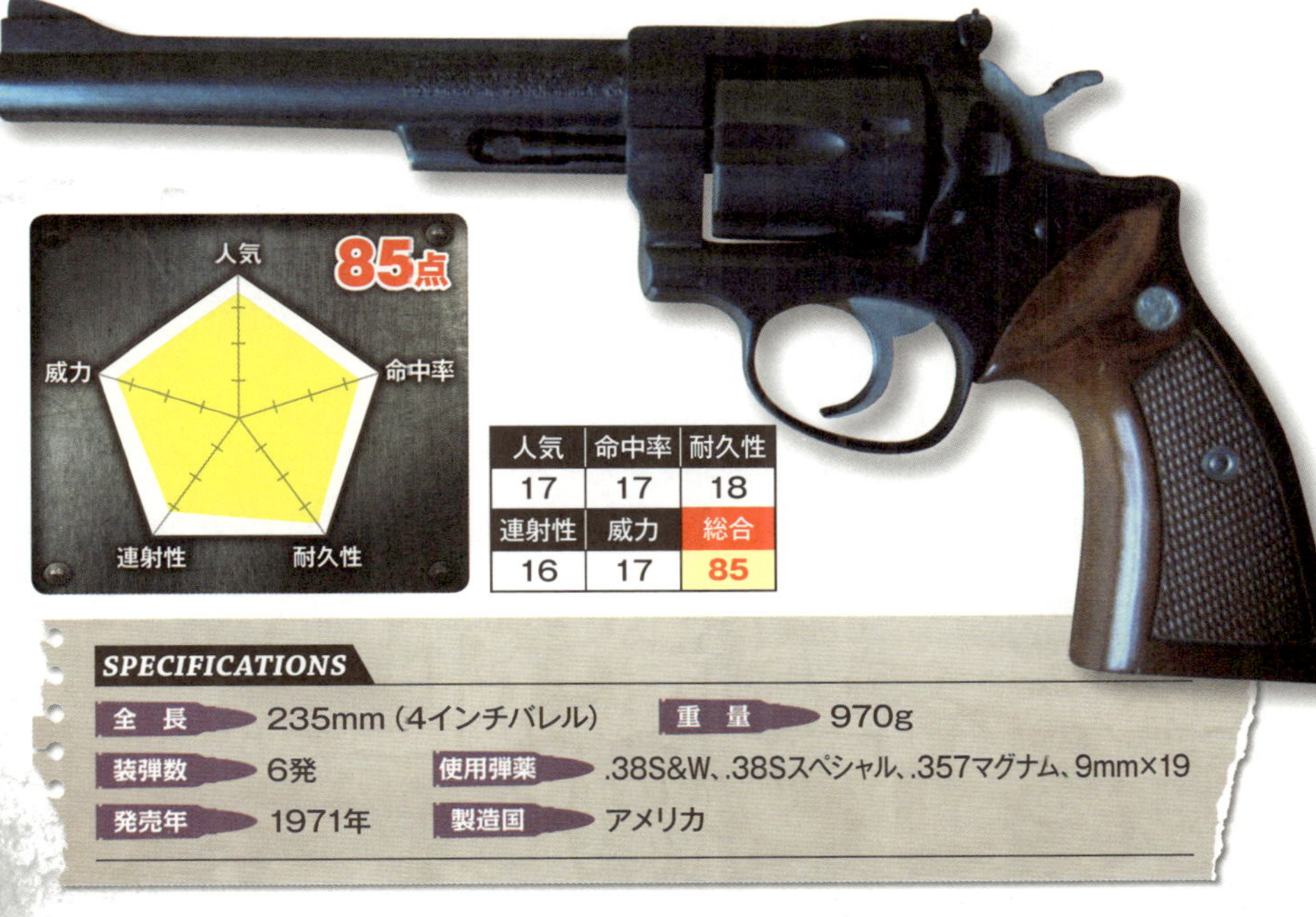

人気	命中率	耐久性
17	17	18
連射性	威力	総合
16	17	85

SPECIFICATIONS

全長	235mm(4インチバレル)	重量	970g
装弾数	6発	使用弾薬	.38S&W、.38Sスペシャル、.357マグナム、9mm×19
発売年	1971年	製造国	アメリカ

老舗メーカーの牙城に挑戦したリボルバー

アメリカのスタームルガー社が、S&W、コルトという2大老舗（しにせ）メーカーが席巻するリボルバー市場に新製品を投入するという挑戦を果たし、見事に成功したのが本銃である。同社がモットーとする「大幅なコストダウンと高品質の両立」に則り、精密鋳造などを駆使。スタイルこそ既存のリボルバーを踏襲しているが、革新的なアイデアも多数投入されている。頑丈さや扱いやすさはもちろんのこと、工具なしで分解・メンテナンスができるという、当時のリボルバーとしては画期的な試みが取り入れられた。廉価・堅牢・高品質の三要素が揃った大ヒット商品である。

世界中のスパイに愛された拳銃

21位

ワルサーPPK

人気	命中率	耐久性
19	16.5	17
連射性	威力	総合
16	16	84.5

SPECIFICATIONS

全長	155mm	重量	635g
装弾数	7発(.32ACP)、6発(.380ACP)		
使用弾薬	.32ACP、.380ACP他		
発売年	1931年	製造国	ドイツ

小型自動拳銃の完成形たる傑作

ワルサー社が1929年に開発した警察用拳銃をさらに小型化、ドイツ警察やナチス・ドイツ軍の制式拳銃となったのが本銃である。隠密携行用として、服の中に隠し持っても外から目立たないよう本体の幅が薄く、取り出し時の引っかかりが少ないデザインは秀逸。即応性に優れた発射機構と安全装置など、現代に通じるスタンダードを既に備えていたという点も評価されている。1969年には、サイズを一回り大きくした「PPK/S」がアメリカ市場向けに開発された。007ことジェームズ・ボンドの愛銃としても有名な、小型自動拳銃の完成形といえる傑作である。

天才設計者が手掛けた多弾数ピストル

22位

ブローニング・ハイパワー

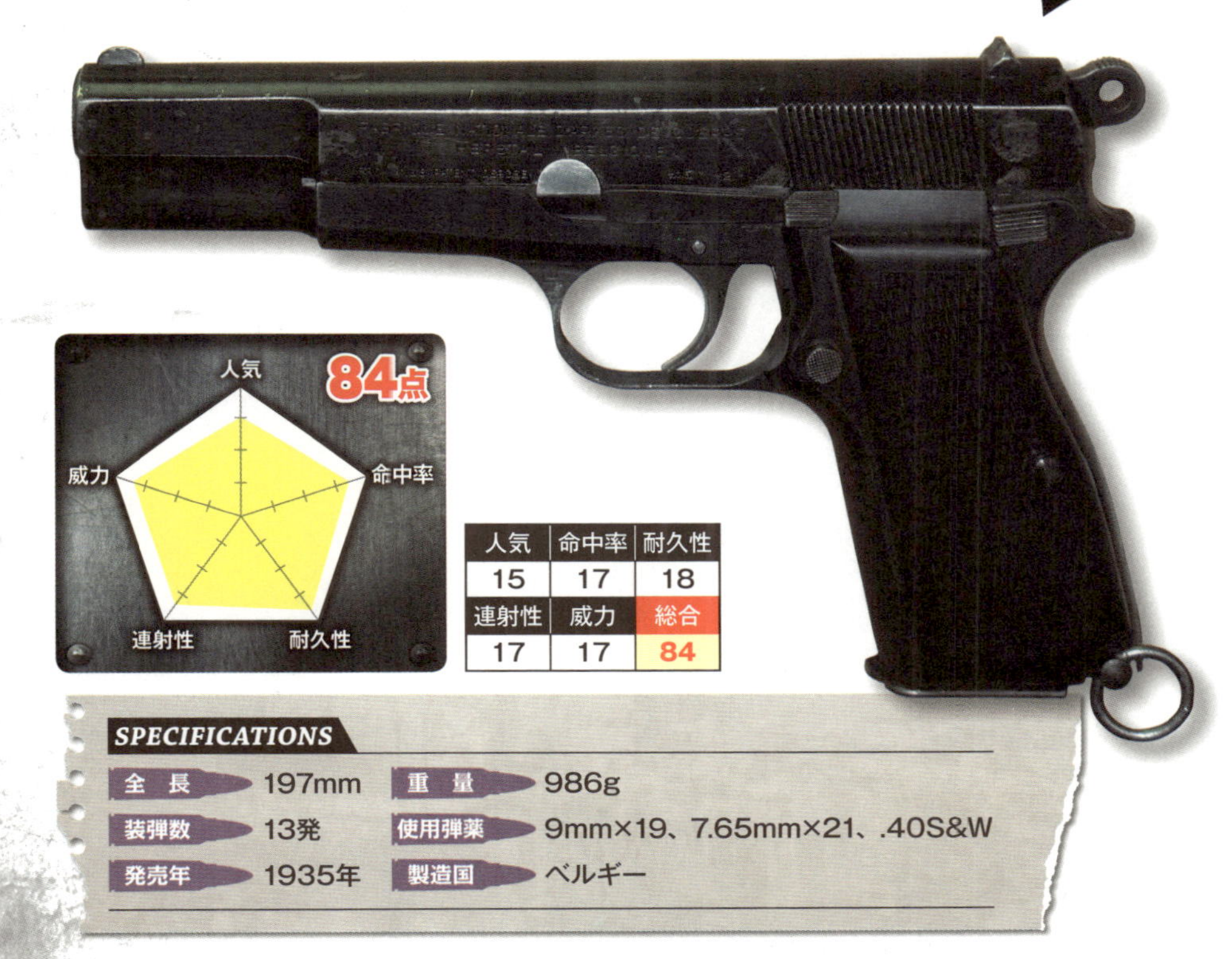

人気	命中率	耐久性
15	17	18
連射性	威力	総合
17	17	84

SPECIFICATIONS

全長	197mm	重量	986g
装弾数	13発	使用弾薬	9mm×19、7.65mm×21、.40S&W
発売年	1935年	製造国	ベルギー

装弾数が多いことを表す「ハイパワー」の冠

一連のコルト社製自動拳銃を生んだ銃器設計者、ジョン・ブローニングが最後に着手した自動拳銃。1926年に逝去した彼の遺志を継いだベルギーFN社の設計技師が1935年に完成させた。今日では一般的だが、当時の自動拳銃には珍しいダブルカラム・マガジン（複列弾倉）を採用し、13発もの多弾装の実現に成功している。

1965年にはイギリス軍で制式採用、その後も世界各国の軍や警察で使用されるなど、その性能と扱いやすさはプロから高い評価を受けた。その作動システムは以後にリリースされた自動拳銃の多くが模倣したといわれている。

グロックの設計を流用した安価でタフなハンドガン

23位

ルガーSR9

人気	命中率	耐久性
15	17.5	17
連射性	威力	総合
17	17	83.5

SPECIFICATIONS

全長	192mm	重量	750g
装弾数	17発	使用弾薬	9mm×19
発売年	2007年	製造国	アメリカ

ヒット作の特許切れを待って発売

スタームルガー社が2007年に発表した自動拳銃。グロックの成功により以降の自動拳銃のほぼ全てがポリマーフレーム仕様となったが、トリガーのメカニズムだけは特許があるため、それが切れるタイミングを見計らって発売された。本銃はグロックの設計を流用しつつ、アメリカ市場向けの独自の改良が施してある。フレームはポリマー樹脂を使用しているが、スライド部はステンレス製。民間向けとして開発されているため銃本体両側に配置された安全装置をはじめ、安全対策を重視した構造となっている。グロックより安価で、低価格高品質の見本たるモデルだ。

各国でライセンス生産されたソ連軍制式拳銃

24位

トカレフTT33

人気	命中率	耐久性
18	16	15
連射性	威力	総合
16	18	83

SPECIFICATIONS

全長	196mm	重量	854g
装弾数	8発	使用弾薬	7.62mm×25
発売年	1930年	製造国	ソビエト連邦

悪名を背負ってしまった自動拳銃

1930年にソ連軍で制式化された量産型自動拳銃「TT30」をさらに簡素化したモデルが「TT33」である。部品点数と組立工数を削減し、重要な機関部を集合部品化することで生産性の向上と工具なしでの分解を可能にしたが、本来必要不可欠な機能である安全装置を省略したことにより、装填状態で安全な携行ができないという不都合が生じた。また、東側諸国で本銃のコピー生産やライセンス生産が行われ、特に中国製のトカレフは日本にも多く密輸入された。それが暴力団などの非合法組織が絡んだ犯罪に使われたことで、一般層にもその悪名を轟かせる羽目になった。

制式拳銃不足から生まれた軍用リボルバー

S&W M1917

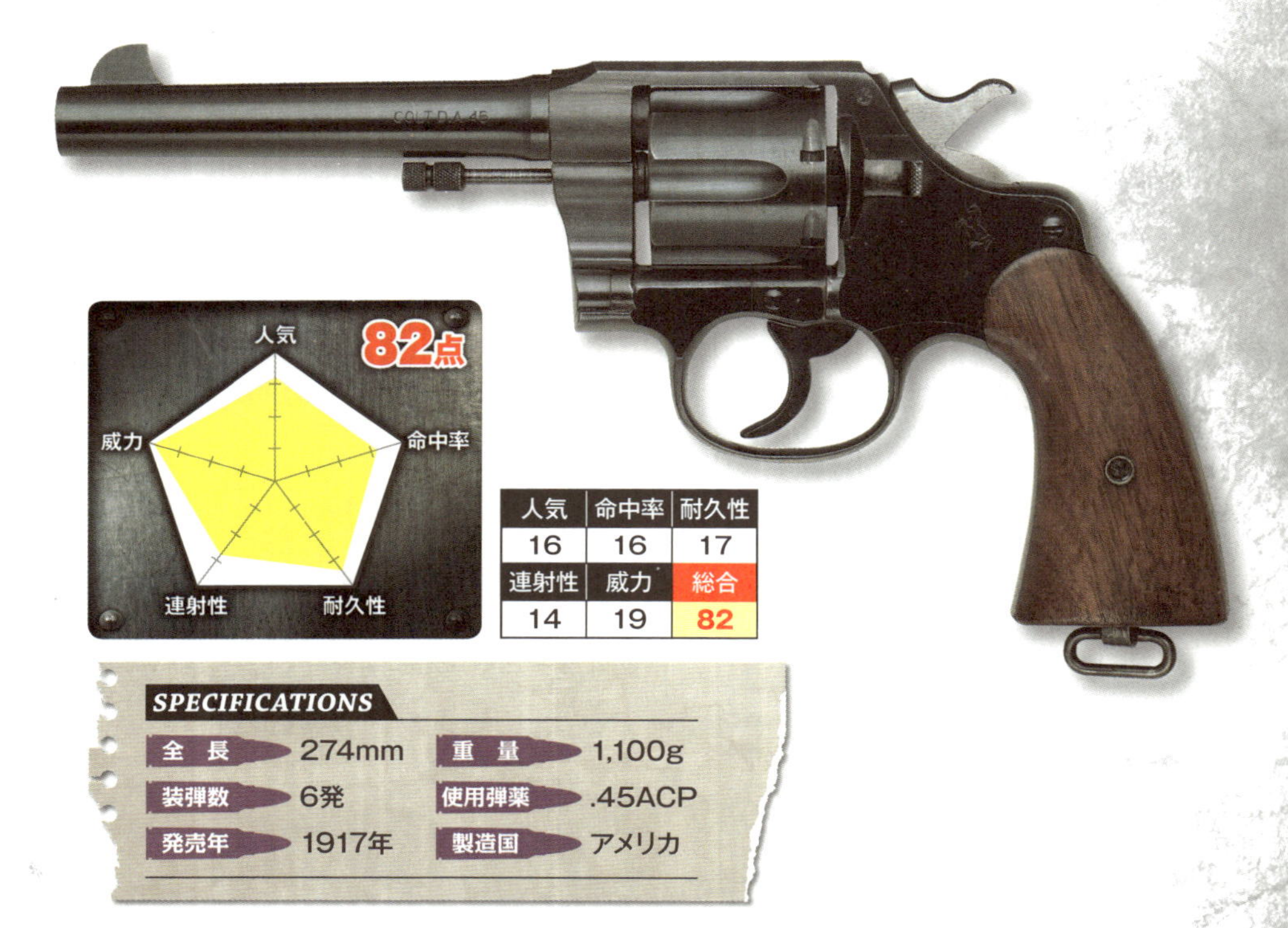

人気	命中率	耐久性
16	16	17
連射性	威力	総合
14	19	82

SPECIFICATIONS

全長	274mm	重量	1,100g
装弾数	6発	使用弾薬	.45ACP
発売年	1917年	製造国	アメリカ

ライバルのコルト社と同時に生産

1917年、第一次世界大戦においてアメリカは選抜徴兵で急速に兵力を拡大。その結果、制式拳銃であるコルトM1911A1（※P18参照）が不足となり補助として本銃が誕生した。軍は急遽大量生産が必要となったM1917の製造をS&W社とコルト社双方に要請。あくまでも両社の共同開発ではなく、銃身長、装弾数、使用弾薬は同じであるがメカニズム自体は両社独自のものであり、それぞれ別物である（ただし、補給の関係で消耗品の互換性はある）。第二次世界大戦後は、日本の警察においてアメリカ軍から大量に払い下げられたS&W M1917が使用された。

小型リボルバーの代名詞的存在

S&W M36 チーフスペシャル

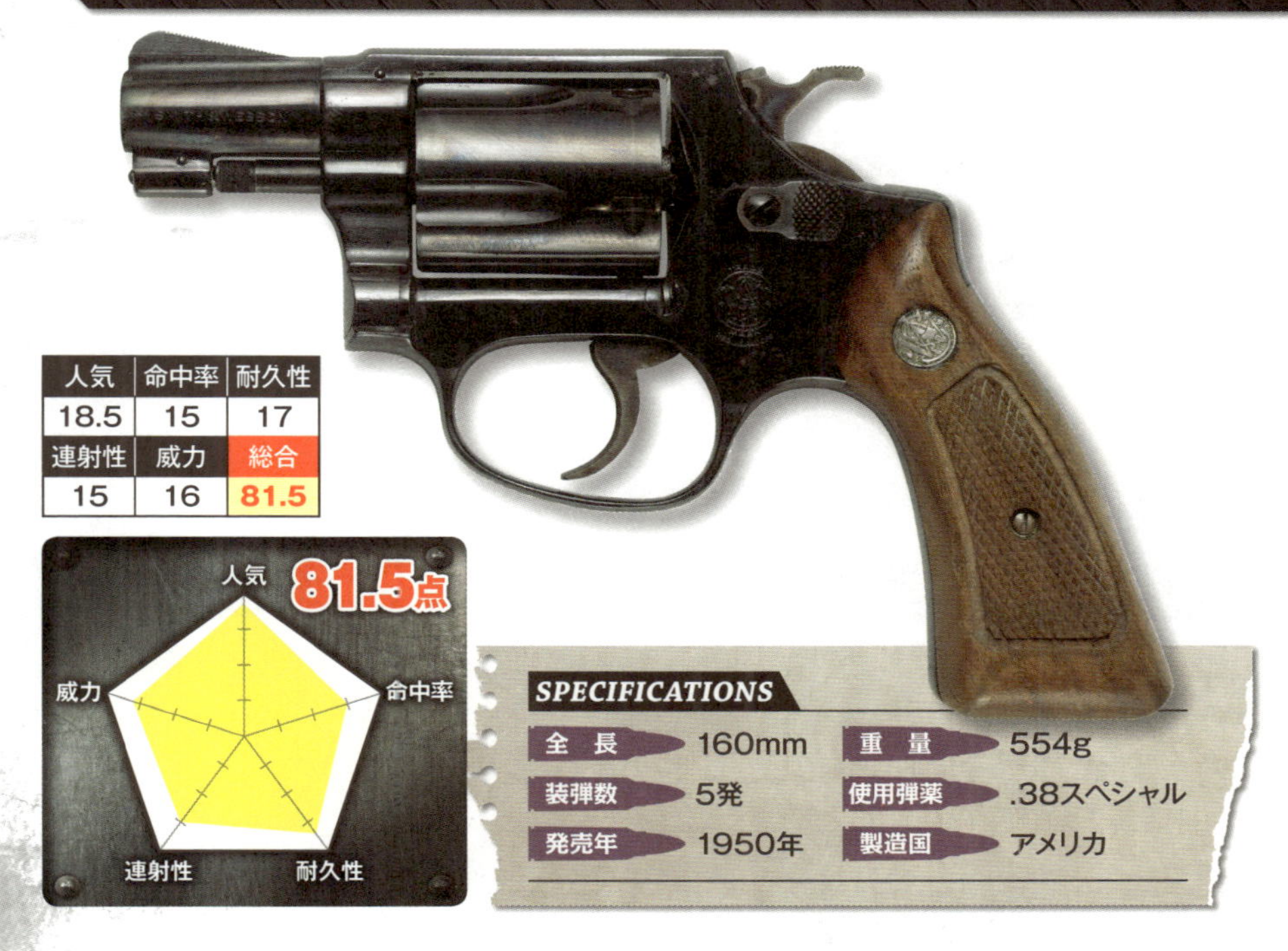

人気	命中率	耐久性
18.5	15	17
連射性	威力	総合
15	16	81.5

SPECIFICATIONS

全長	160mm	重量	554g
装弾数	5発	使用弾薬	.38スペシャル
発売年	1950年	製造国	アメリカ

5連発式にして小型軽量化に成功

リボルバーの小型化に着手したS&W社が1950年に発表。リボルバーといえば6連発式というのが常識だったが、本銃は1発少ない5連発式のシリンダー（回転式弾倉）を使用することで通常のリボルバーに比べ大幅な小型軽量化に成功している。また小型ながら威力を持たせるため、弾薬は強力な.38スペシャル弾を使用。その発射時の衝撃に耐えうるべく、従来の小型リボルバー用のIフレームを拡張して、新たに「Jフレーム」を設計した。小型軽量なので私服刑事の通常携行用、あるいは補助用、非番時の護身用としてはもちろん、民間人の護身用としても大ヒットした。

アメリカンリボルバーの古典的名作

27位

Colt ポリスポジティブ

人気	命中率	耐久性
16	16	17
連射性	威力	総合
15	17	81

写真は6インチモデルとなります。

SPECIFICATIONS

全長	216mm（4インチバレル）	重量	567g
装弾数	6発	使用弾薬	.32ロングコルト、.38S&W
発売年	1907年	製造国	アメリカ

コルト社が新たな安全機構を開発

1907年にコルト社が開発し、様々な後継モデルを生み出したダブルアクションリボルバーの名作。同社のリボルバー「ニューポリス」の改良型として開発され、法執行機関向けリボルバーとして大成功を収めた。ごく初期のリボルバーの、外部から撃鉄に強い衝撃が加わると暴発しかねないという欠点を補うべく本銃では〝ポジティブロック〟と呼ばれる内蔵式の安全装置が採用された。これは引き金を引いたとき以外はハンマーがブロックされるという、コルト社が新たに開発した機構である。本銃の「ポジティブ」なる名称は、この安全装置が由来となる。

ブラジル発の大ヒット近代大型リボルバー

28位

トーラス・レイジングブル

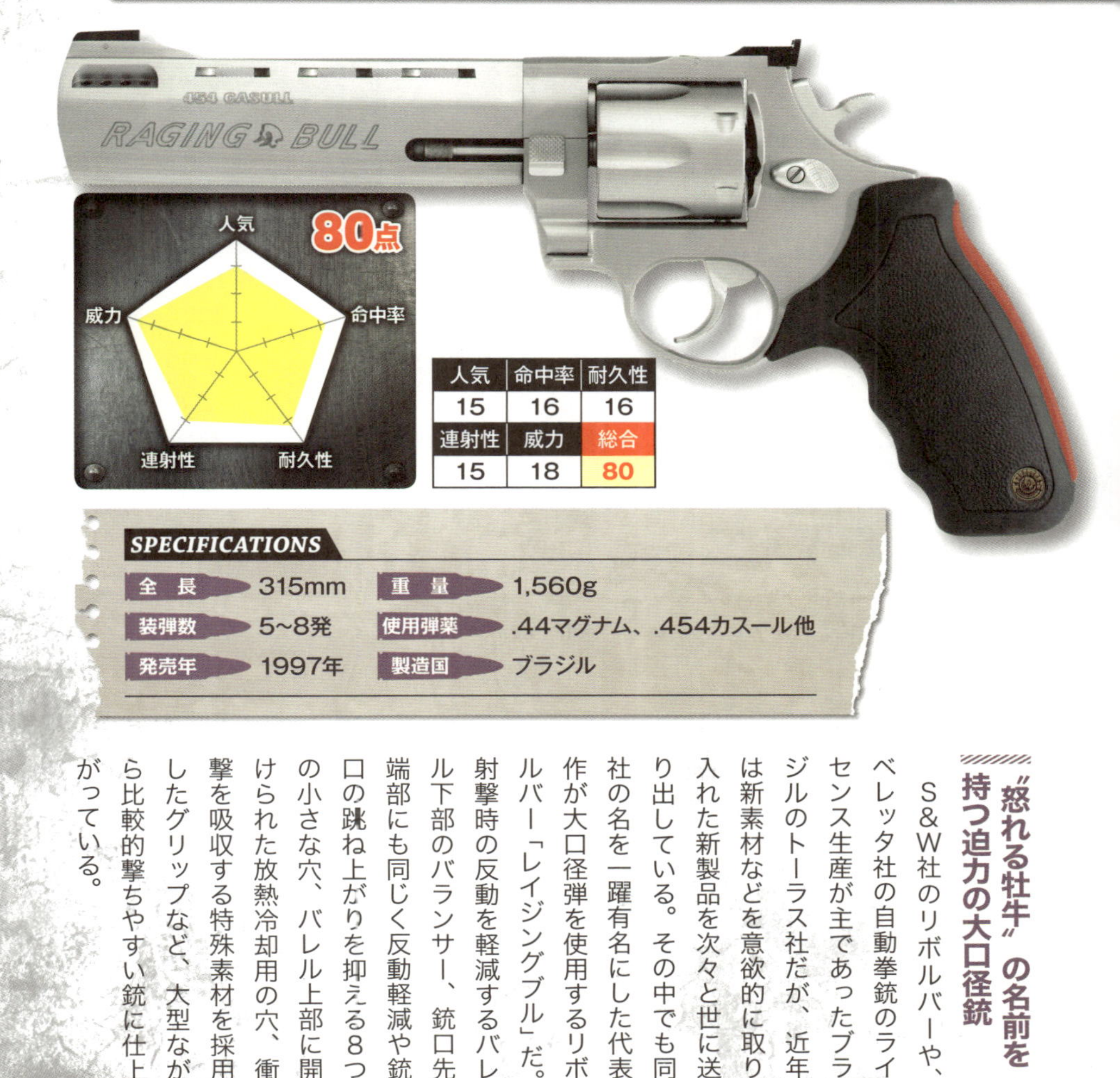

人気	命中率	耐久性
15	16	16
連射性	威力	総合
15	18	80

SPECIFICATIONS

全長	315mm	重量	1,560g
装弾数	5~8発	使用弾薬	.44マグナム、.454カスール他
発売年	1997年	製造国	ブラジル

"怒れる牡牛"の名前を持つ迫力の大口径銃

S&W社のリボルバーや、ベレッタ社の自動拳銃のライセンス生産が主であったブラジルのトーラス社だが、近年は新素材などを意欲的に取り入れた新製品を次々と世に送り出している。その中でも同社の名を一躍有名にした代表作が大口径弾を使用するリボルバー「レイジングブル」だ。射撃時の反動を軽減するバレル下部のバランサー、銃口先端部にも同じく反動軽減や銃口の跳ね上がりを抑える8つの小さな穴、バレル上部に開けられた放熱冷却用の穴、衝撃を吸収する特殊素材を採用したグリップなど、大型ながら比較的撃ちやすい銃に仕上がっている。

S&W M10 ミリタリー&ポリス

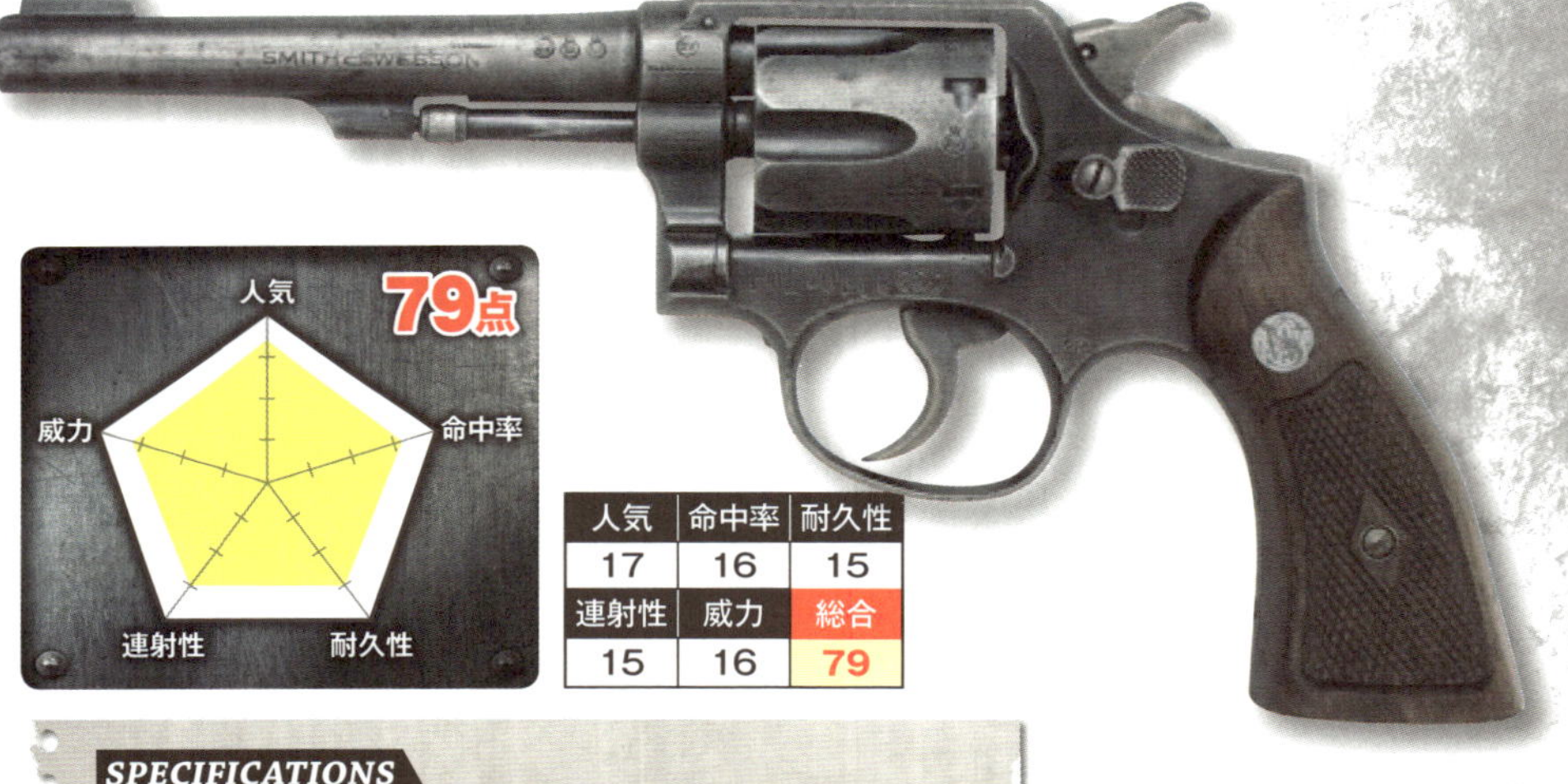

人気	命中率	耐久性
17	16	15
連射性	威力	総合
15	16	79

SPECIFICATIONS

全長	225mm	重量	1,020g
装弾数	6発	使用弾薬	.38スペシャル
発売年	1899年	製造国	アメリカ

S&W黄金時代を象徴する名作

19世紀から21世紀にかけて生産が続けられたダブルアクションリボルバーの名作。軍や警察などの公的機関向けの銃として導入され、S&W社の販売記録を塗り替えた。1899年の最初期モデル発売当初に付けられた〝ミリタリー&ポリス〟の名称は、1957年のモデル・ナンバー制度導入において〝M10〟となった後も通称として用いられている。何度もモデルアップがなされ、戦後は、従来の4インチ、5インチ、6インチといった中~長銃身モデルに加え、法執行機関向けの2インチ、3インチといった短銃身モデルが追加生産されている。

手軽で大ヒットした小口径自動拳銃の傑作

ルガーMkⅡ

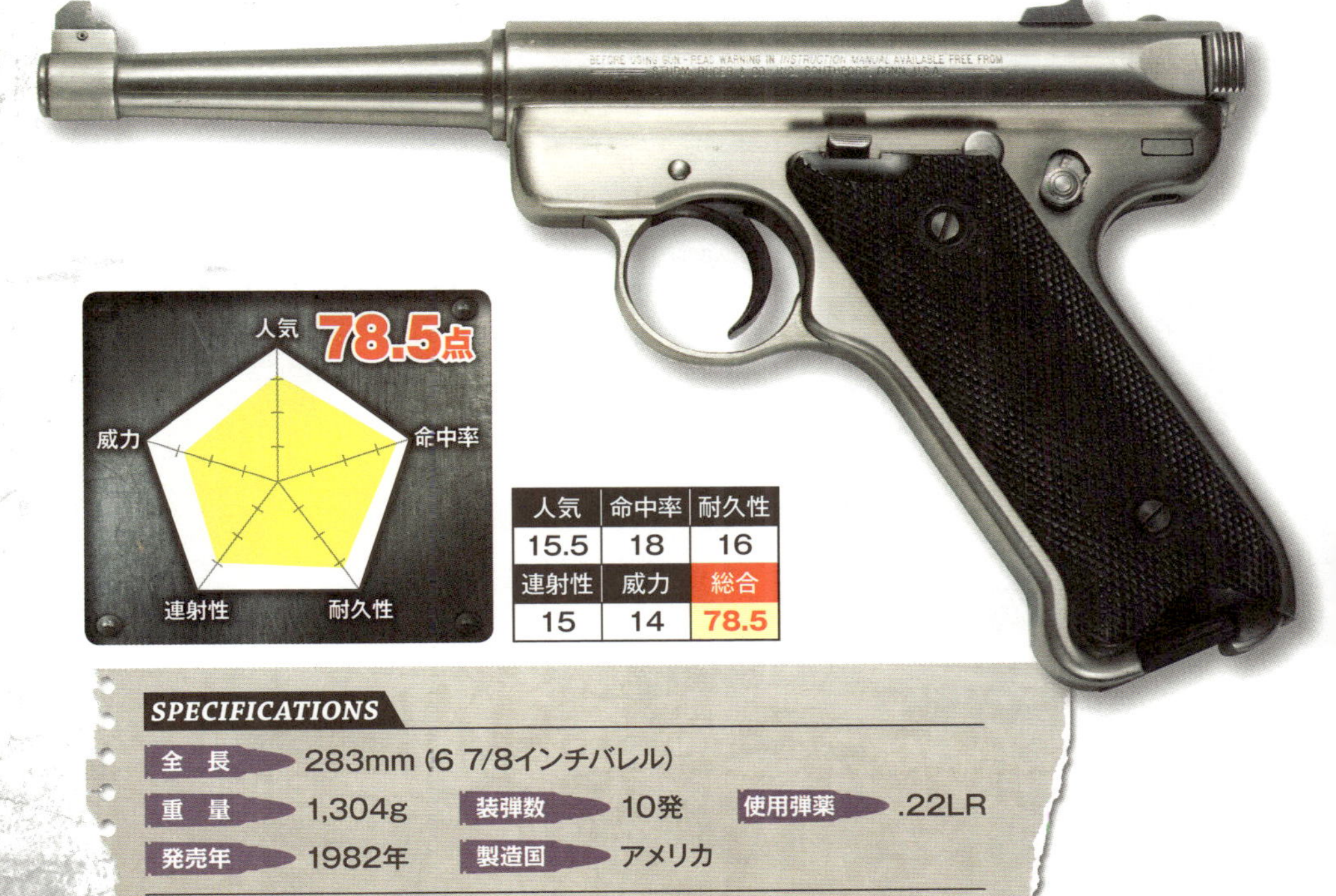

人気	命中率	耐久性
15.5	18	16
連射性	**威力**	**総合**
15	14	78.5

SPECIFICATIONS

全長	283mm（6 7/8インチバレル）				
重量	1,304g	装弾数	10発	使用弾薬	.22LR
発売年	1982年	製造国	アメリカ		

競技から特殊作戦まで幅広く活躍

1949年に創業したスターム・ルガー社のデビュー作である競技用自動拳銃「MkⅠ」は、性能も良好な上に低価格で多くの支持を獲得した。本銃はそのバージョンアップモデルである。・22LR弾という小口径の弾薬本来の反動の弱さに加え、スライドではなくボルトの部分だけが作動する機構のため、発射時の反動も小さく命中精度も非常に高い。競技用以外にも、サプレッサー（減音器）を一体型にしたモデルが、アメリカ海軍特殊部隊ネイビーシールズ用に開発された。亜音速仕様の・22LR弾とサプレッサーの相乗効果により、かなりの減音効果を発揮するという。

抜群の威力を誇るタフな護身用拳銃

トーラス・ジャッジ

人気	命中率	耐久性
14	17	17
連射性	**威力**	**総合**
15	15	78

SPECIFICATIONS

全長	241mm	重量	907g
装弾数	5発	使用弾薬	410ゲージ、.45ロングコルト
発売年	2010年	製造国	ブラジル

小型散弾を発射する珍しいリボルバー

トーラス社が多発するカージャックなどの犯罪対策用に開発。殺傷能力が高く、護身用の拳銃としては十分すぎる破壊力を誇るリボルバーだ。410ゲージの散弾を使用することで、小さいながらショットガンに迫る威力を発揮する頼もしい存在となる。この410ゲージ散弾は直径9㎜ほどの球形の鉛弾が5発直列で入っており、1回の射撃でまとめて発射される仕組みとなる。その1発1発の威力は通常弾と比較すれば劣るものの、短い銃身により発射された弾は広範囲に拡散するため、狙いが多少アバウトでも対象に大きなダメージを与えることが可能である。

西部開拓時代を象徴するリボルバー

コルトS.A.A.

(通称:ピースメーカー)

人気	命中率	耐久性
19	12	15
連射性	**威力**	**総合**
13	18	77

SPECIFICATIONS

全長	262mm (4 3/4インチバレル)	重量	1,091g
装弾数	6発	使用弾薬	.45ロングコルト、.44-40他
発売年	1873年	製造国	アメリカ

西部劇の主役であり アメリカのシンボル

コルト社初の金属薬莢(やっきょう)式リボルバーとして1873年に登場した、西部開拓時代のアメリカを代表するリボルバー。本銃はアメリカ陸軍の制式拳銃として1873年に8000丁が発注され、以降、1890年までに3万7060丁が軍に納入されたという。

従来のリボルバーが抱える構造上の強度不足を補うため、回転式弾倉の前後上下を一体型の金属フレームで囲う構造に変更。それにより強度が格段に向上し、強力な威力の・45ロングコルト弾の使用が可能となった。また軍用のみならず民間用としても好評を博し、様々な銃身長や口径のモデルが生産された。

大日本帝国陸軍を代表する制式拳銃

33位

十四年式拳銃

人気	命中率	耐久性
16	16	14
連射性	**威力**	**総合**
15	15	76

SPECIFICATIONS

全長	230mm	重量	890g
装弾数	8発	使用弾薬	8mm×22南部
発売年	1924年	製造国	日本

日本拳銃界の父が生んだ“南部十四年式”

1925年（大正14年）に、国産自動拳銃として初めて旧日本陸軍に採用。“日本拳銃界の父”と呼ばれた南部麒次郎が、東京造兵廠勤務時代に設計の基礎部分を手掛けた。生産が約20年間にもおよんだため、その間に使用実績に基づく一部改修が施されている。その一例が、引き金を囲う用心鉄の拡大である。前期型は用心鉄の径が小さいため、冬場に極寒となる中国大陸での戦闘時に厚手の手袋を着用したまま引き金を引けないという弱点があり、後期型では手袋のまま引き金が引けるサイズの用心鉄が採用された。戦後は日本警察や海上保安庁で使用された。

第二次大戦時のイタリア陸軍制式拳銃

34位

ベレッタM1934

人気	命中率	耐久性
17	15	15
連射性	威力	総合
14	14	75

SPECIFICATIONS

全長	150mm	重量	750g
装弾数	7発	使用弾薬	.380ACP
発売年	1934年	製造国	イタリア

ベレッタの伝統を定着させた中型自動拳銃

ベレッタ社が拳銃の配備不足解消を図るイタリア陸軍の要請に応じて開発した中型自動拳銃。本銃は軍用拳銃としては弾薬の威力がそれほど大きくはないが、極めてシンプルな発射機構のため堅牢性に優れ、排莢不良や故障も少なく兵士の絶大な信頼を得た。第二次世界大戦における北アフリカ戦線では、砂埃に弱いトグルアクション機構を持つルガーP08（※P36参照）に難色を示した目利きのドイツ軍兵士が本銃を所望したといわれる。ベレッタ製自動拳銃が持つ、バレルの上部が大きく切り開かれた形で露出する独特のデザインは本銃で完成したといえる。

日本でも使用されたベルギー製小型自動拳銃

35位

ブローニング M1910

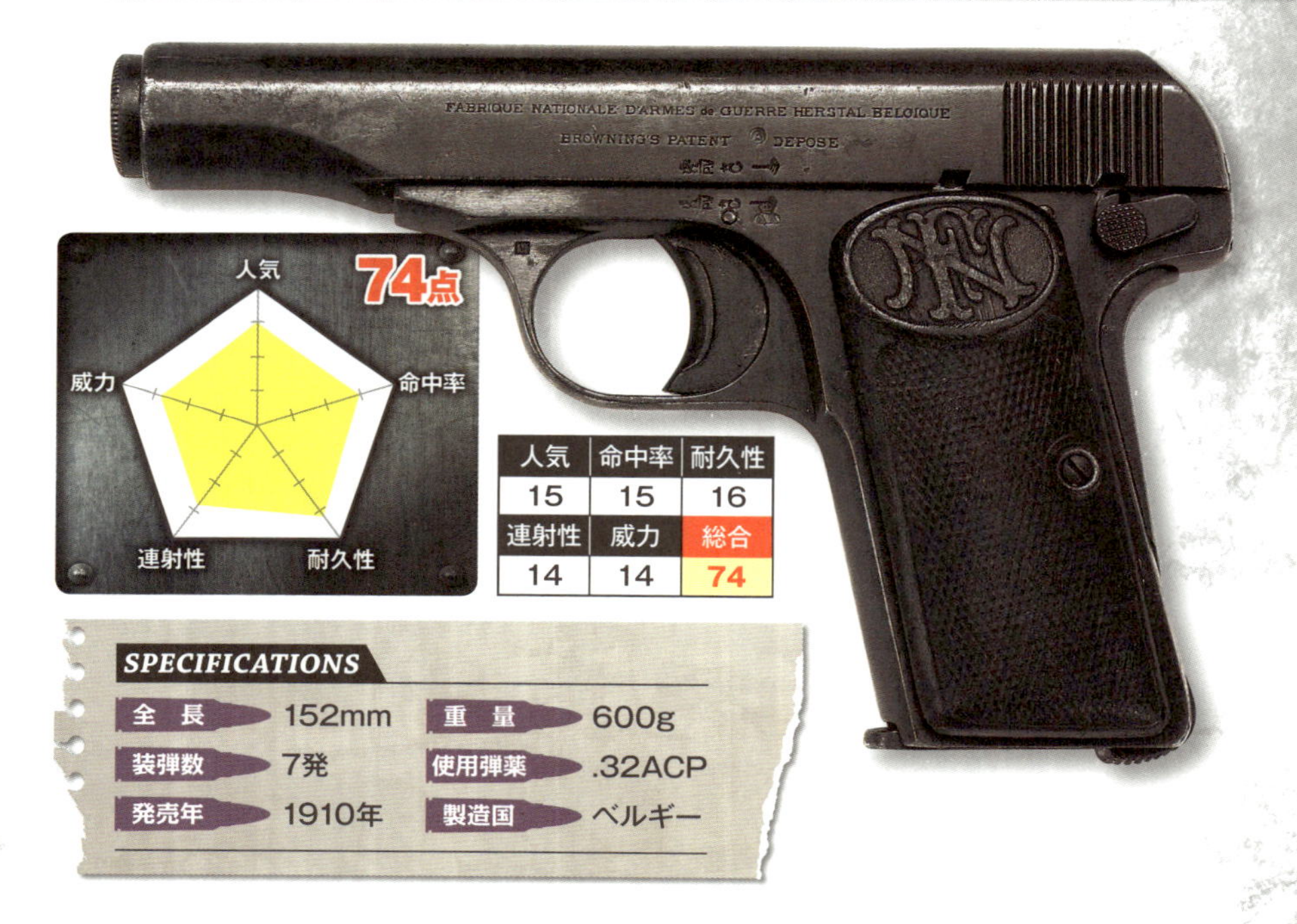

人気	命中率	耐久性
15	15	16
連射性	威力	総合
14	14	74

SPECIFICATIONS

全長	152mm	重量	600g
装弾数	7発	使用弾薬	.32ACP
発売年	1910年	製造国	ベルギー

第一次世界大戦勃発の引き金となった銃

ジョン・ブローニングが手がけた銃の中でも、最も有名かつベストセラーと目されるのが本銃であろう。前モデルである「M1900」を大幅に改良し、当時としては極めて滑らかな洗練されたデザインとなっている。緊急時に素早く抜き撃ちができるよう、ハンマーを使用せずに撃発させる「ストライカー方式」と呼ばれる撃発方式を採用。3つの安全装置を備え、安全性も折り紙付きである。日本でも警察や軍の士官用として多く使用された。第一次世界大戦の原因となったオーストリア皇太子夫妻暗殺事件の犯行に使用された銃としても知られている。

"ベビーイーグル"の通称を持つ自動拳銃

36位

ジェリコ941

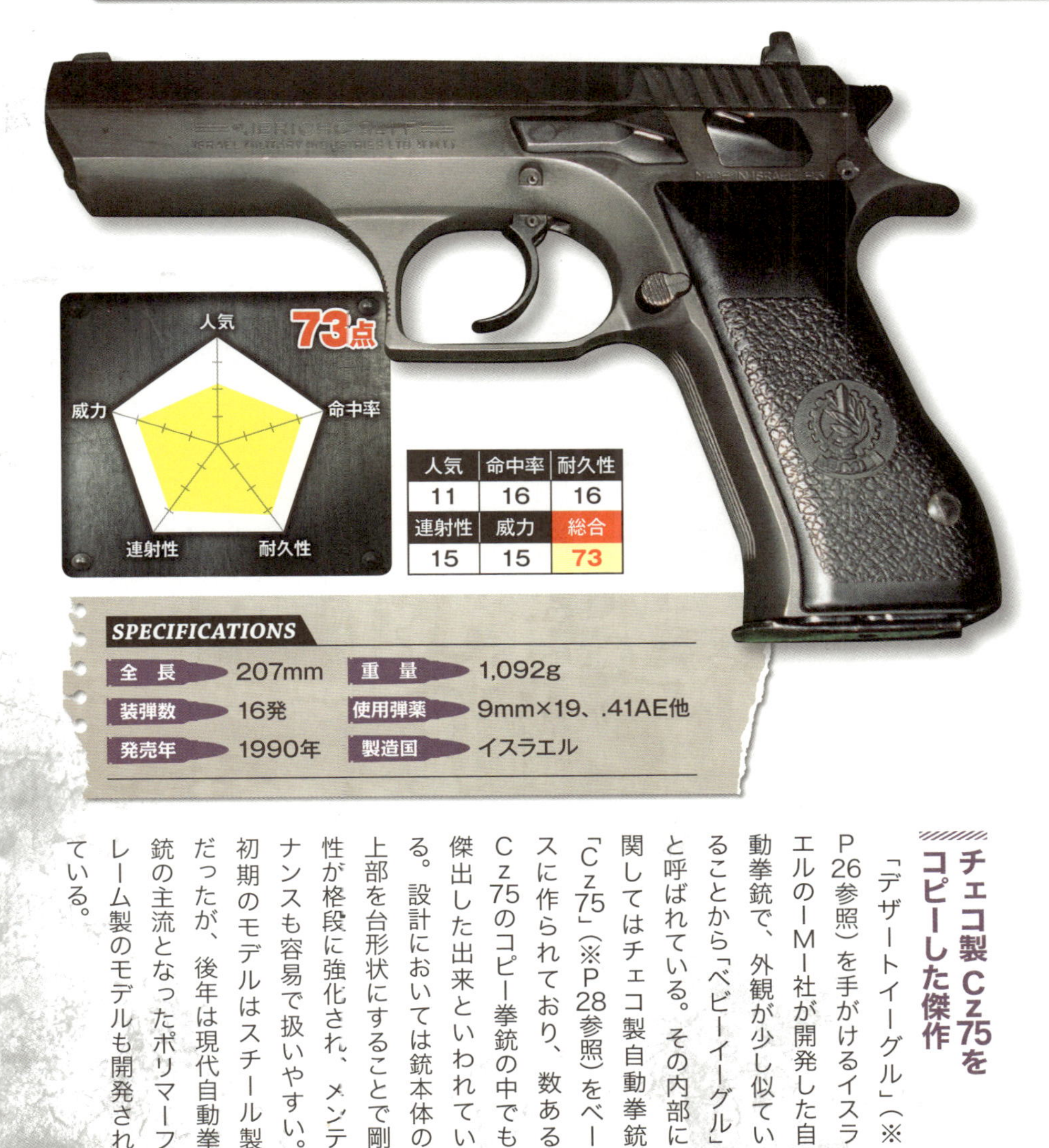

人気	命中率	耐久性
11	16	16
連射性	威力	総合
15	15	73

SPECIFICATIONS

全長	207mm	重量	1,092g
装弾数	16発	使用弾薬	9mm×19、.41AE他
発売年	1990年	製造国	イスラエル

チェコ製Cz75をコピーした傑作

「デザートイーグル」（※P26参照）を手がけるイスラエルのIMI社が開発した自動拳銃で、外観が少し似ていることから「ベビーイーグル」と呼ばれている。その内部に関してはチェコ製自動拳銃「Cz75」（※P28参照）をベースに作られており、数あるCz75のコピー拳銃の中でも傑出した出来といわれている。設計においては銃本体の上部を台形状にすることで剛性が格段に強化され、メンテナンスも容易で扱いやすい。初期のモデルはスチール製だったが、後年は現代自動拳銃の主流となったポリマーフレーム製のモデルも開発されている。

冷戦期のソ連軍制式自動拳銃

37位

マカロフ

人気	命中率	耐久性
14	15	15
連射性	威力	総合
14	14	72

SPECIFICATIONS

全長	162mm	重量	730g
装弾数	8発	使用弾薬	9mm×18
発売年	1951年	製造国	ソビエト連邦

新時代に対応して小型軽量化を最優先

第二次大戦中にソ連軍が量産した軍用自動拳銃「トカレフTT33」（※P43参照）は、生産性を最優先して安全装置を排除したため暴発事故が多発。その改善を含めた後継銃の開発が急がれた。そして1951年、設計者ニコライ・マカロフが開発した本銃が新たな制式拳銃として採用された。戦場における拳銃の有効性を再検証した結果、主力火器ではなくあくまで副次的装備であるとの見解から、威力よりも取り回しの良さと携行性を優先した作りとなっている。日本においては本国製あるいは中国製のコピーが密輸され、トカレフと並んで犯罪に使用されるケースが多い。

大日本帝国陸軍の士官向け自動拳銃

38位

九四式拳銃

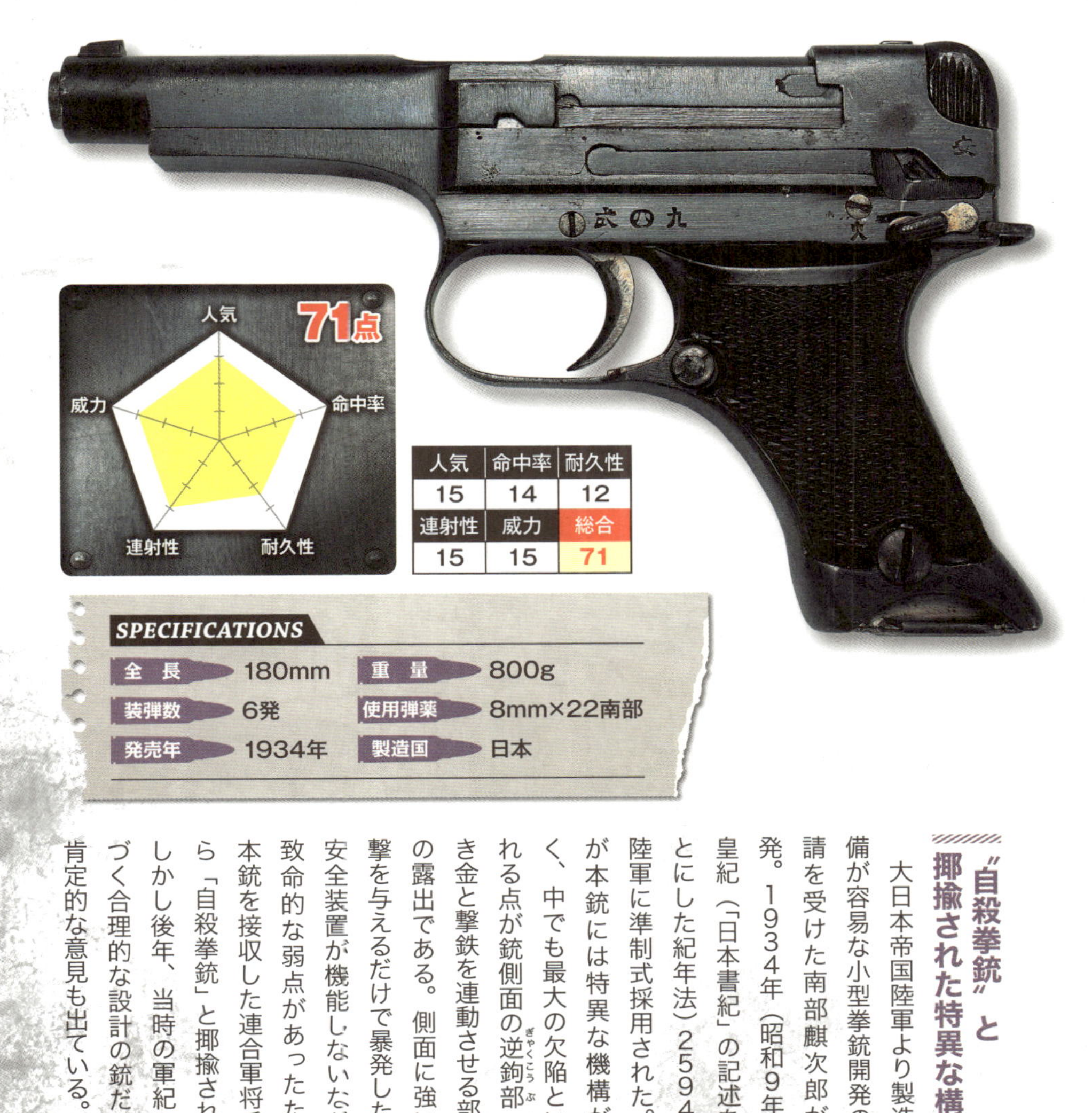

人気	命中率	耐久性
15	14	12
連射性	威力	総合
15	15	71

SPECIFICATIONS

全長	180mm	重量	800g
装弾数	6発	使用弾薬	8mm×22南部
発売年	1934年	製造国	日本

“自殺拳銃”と揶揄された特異な構造

大日本帝国陸軍より製造整備が容易な小型拳銃開発の要請を受けた南部麒次郎が開発。1934年（昭和9年）＝皇紀（「日本書紀」の記述をもとにした紀年法）2594年、陸軍に準制式採用された。だが本銃には特異な機構が多く、中でも最大の欠陥といわれる点が銃側面の逆鉤部（引き金と撃鉄を連動させる部品）の露出である。側面に強い衝撃を与えるだけで暴発したり、安全装置が機能しないなどの致命的な弱点があったため、本銃を接収した連合軍将兵から「自殺拳銃」と揶揄された。しかし後年、当時の軍紀に基づく合理的な設計の銃だとの肯定的な意見も出ている。

外国の軍隊でも愛用された中折れ式リボルバー

S&W Model 3

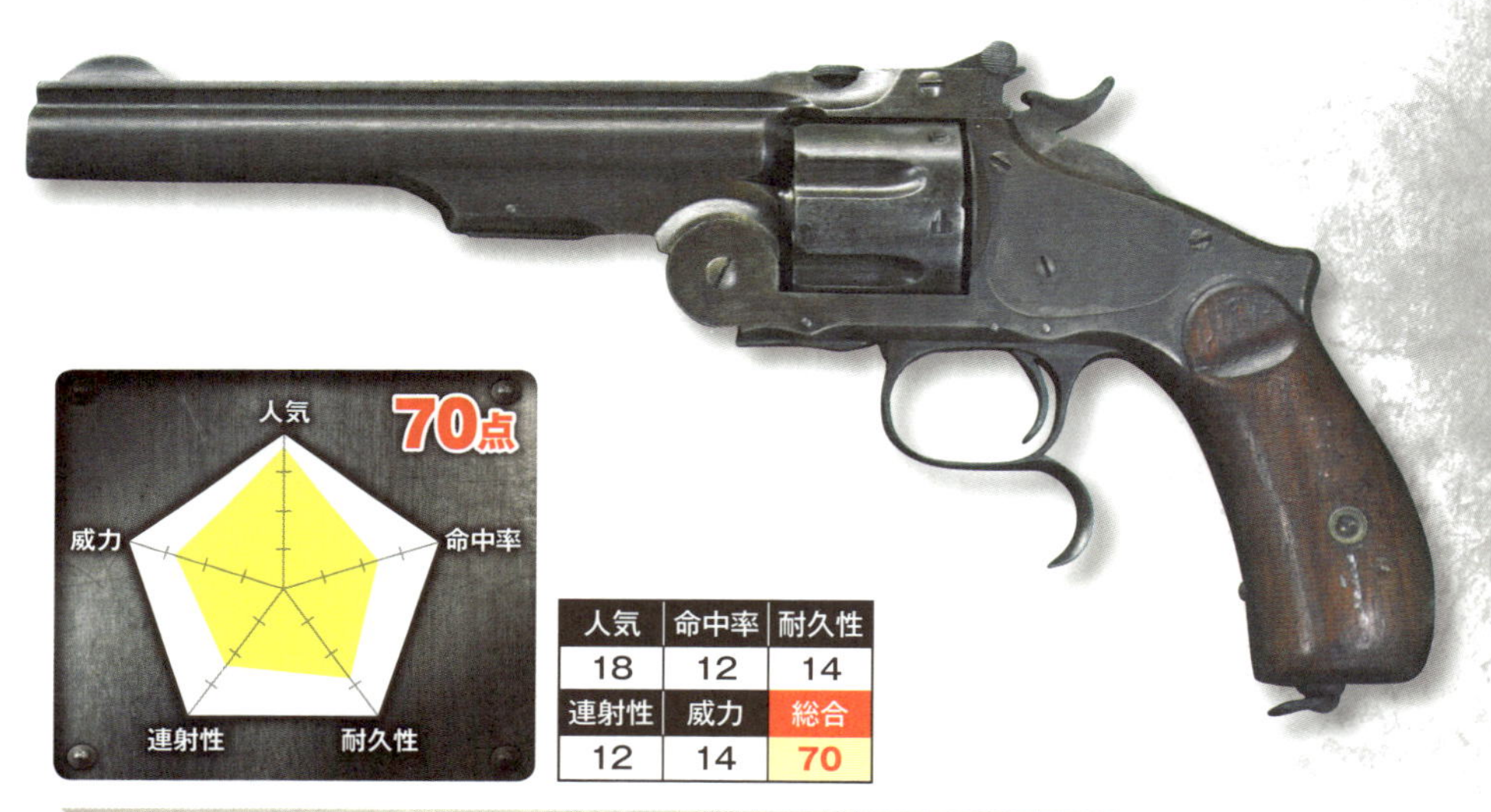

人気	命中率	耐久性
18	12	14
連射性	威力	総合
12	14	70

SPECIFICATIONS

全長	305mm	重量	1,300g
装弾数	6発	使用弾薬	.44S&W、.38S&W他
発売年	1869年	製造国	アメリカ

アメリカ軍での制式採用を目指して開発

S&W社が1850年代後半に開発した「Model 1」、1860年代初頭に開発した「Model 2」に続く中折れ式リボルバーとして発表した大口径モデル。「チップアップ式」と呼ばれる先代の2丁が銃本体中心部より上方向に折れ曲がりシリンダーごと排莢したのに対し、本銃は銃本体中心部より下方向に折れ曲がる「トップブレイク式」を採用。シリンダーを外さずとも全弾排莢できるため、より速い装弾が可能となった。だが同時に、構造の複雑化に伴い堅牢性が低下。1875年には改良型がアメリカ軍で試験採用されたが、前述の理由などにより制式化には至らなかった。

ギャンブラーにも愛された超小型拳銃

40位

レミントン・ダブルデリンジャー

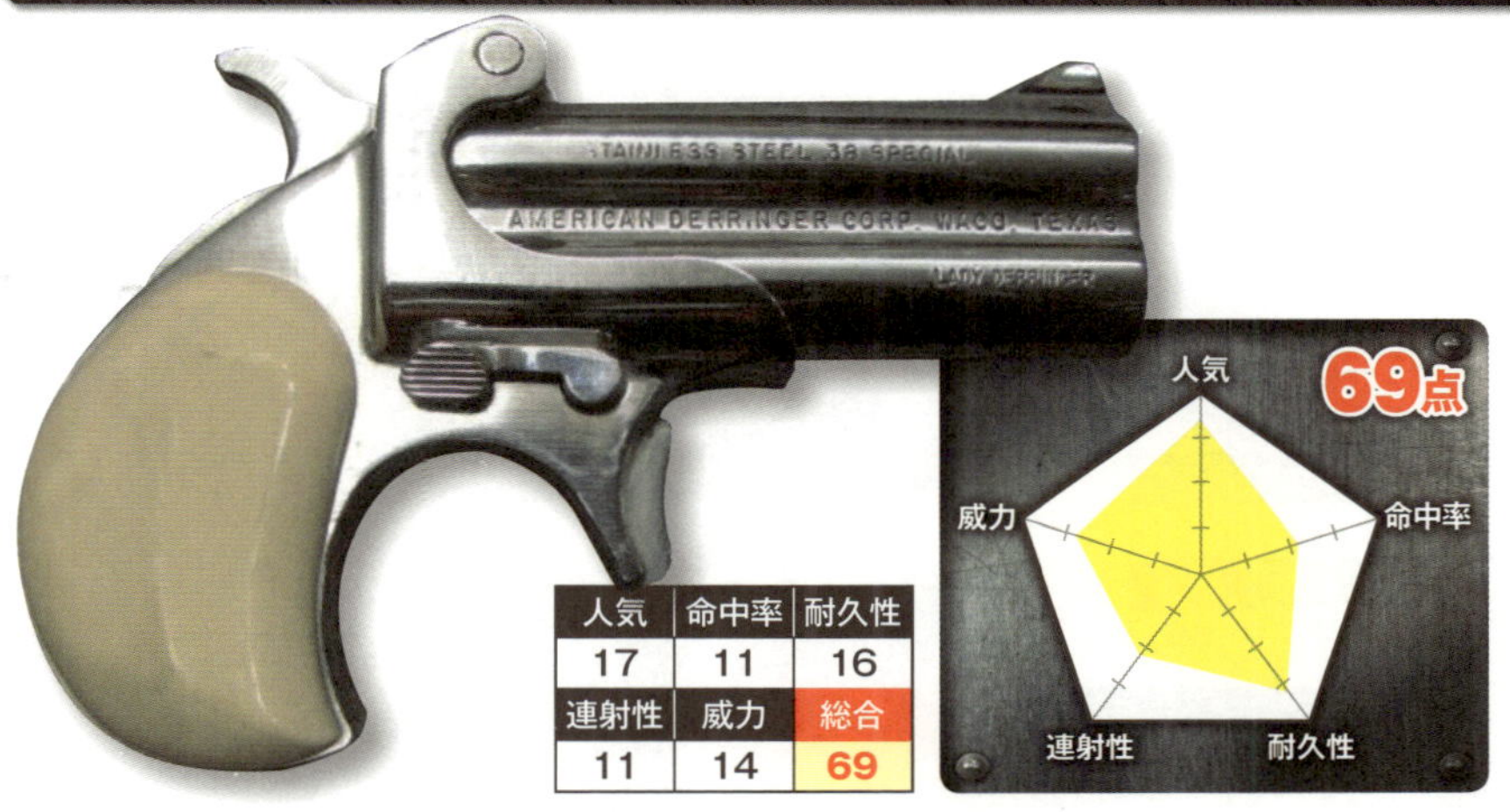

人気	命中率	耐久性
17	11	16
連射性	威力	総合
11	14	69

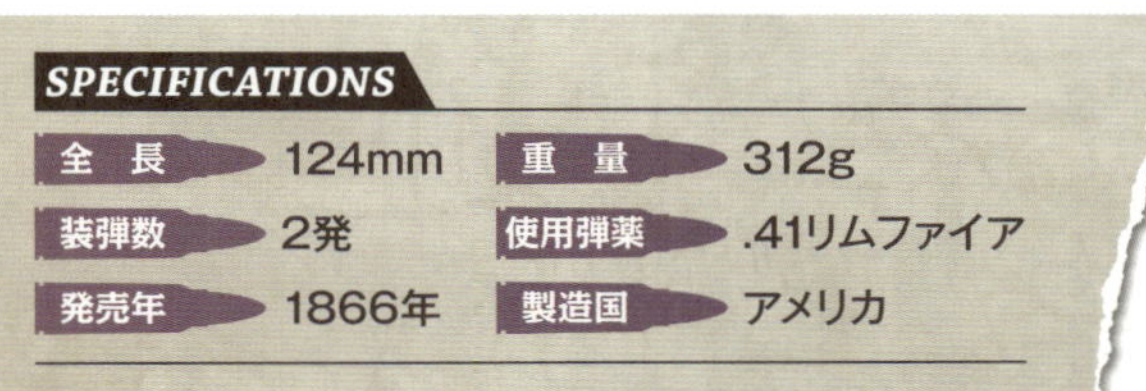

SPECIFICATIONS

全長	124mm	重量	312g
装弾数	2発	使用弾薬	.41リムファイア
発売年	1866年	製造国	アメリカ

掌に収まるサイズで護身用として人気

1865年のリンカーン大統領暗殺事件に使用されたことをきっかけに、デリンジャーは小型拳銃の代名詞となり、本銃はその翌年に発売された。中折れ式で上下二連のバレルを備え、ハンマーを起こす度に内蔵された歯車が撃針を交互に上下作動させる。そして上下のバレルのどちらかの弾が先に発射され、続いてもう片方の弾が発射される仕組みとなる。バレルが短いため有効射程距離が極端に短く、トリガーを引くのにも力が必要ではあるが、護身用拳銃として掌に収まるサイズが人気を呼び、デリンジャー・ピストルの中でも最も商業的に成功したモデルといえる。

レジスタンスにばら撒かれた手動式単発銃

FP-45 リベレーター

人気	命中率	耐久性
16	11	13
連射性	威力	総合
13	13	66

SPECIFICATIONS

全長	140mm	重量	500g
装弾数	1発	使用弾薬	.45ACP
発売年	1942年	製造国	アメリカ

"解放者"の名を持つ珍銃

被占領国で活動する抵抗運動（レジスタンス）への供給を目的として、第二次世界大戦中にアメリカのゼネラルモーターズで製造された手動式の単発ピストル。その最大の特徴は、全体にプレス加工を多用してコストの低減と、最低限の強度で造られている点である。できるだけ短期間で大量生産して「ばら撒く」ための工夫であり、もし本銃を受け取った国や勢力が、何らかの事情で味方から敵に転じた際に早い段階で使用不能にさせるためであった。本銃が供給される際は、どんな言語を用いる人種でも一目で理解できるイラストのみで構成された取扱説明書が付属された。

第2章

ライフル編

RIFLE

ライフルには手動式、自動式含め様々な種類のモデルが存在する。この章では近距離～中距離射撃に適したアサルトライフル（突撃銃）をはじめとする個性豊かなライフルの数々を紹介したい。

全面的に改良された次世代のM4カービン

FN-SCAR

人気	命中率	耐久性
20	19	19
連射性	威力	総合
19	19	96

特殊部隊用に開発された次世代主力銃

ベルギーのFN社がアメリカ特殊作戦軍US SOCOM向けに開発した特殊部隊用アサルトライフル。ダイナミックなフォルムとアースカラーがマッチングする次世代型カービンとして高い評価を得ている。

操作方法は「M4カービン」(※P66参照)を踏襲しながらも、その弱点となる部分を改良して扱いやすさも大幅に向上している。

FN社の傑作アサルトライフルと誉れ高い「FNC」をベースに設計が開始されたが、様々な改良を重ねた結果、一部を残して全く新しい銃として産声を上げることとなった。

その最大の特徴は、口径の

7.62mm × 51弾を使用する「SCAR-H」モデル（通称MK17）をかまえるアメリカ海軍特殊部隊ネイビーシールズの隊員。

SPECIFICATIONS

全長	618/825mm	重量	3,300g
装弾数	30発	使用弾薬	5.56mm×45
発売年	2009年	製造国	ベルギー/アメリカ

異なる2つのモデルを設けながら、それぞれの相違点を少なくして共通性を持たせたことだ。それによって運用コストの削減を可能にした。

新しい口径の弾丸にも最小限の改良を加えるだけで対応できるという汎用性の高さも高く評価された。また、必要に応じて各種機器の取り付けが可能、微調整が可能な折りたたみ式のストック（銃床）など、様々な状況で迅速な対処が求められる兵士にとっても頼もしい機能がふんだんに取り入れられている。

現在のアメリカ軍制式ライフルであるM4カービンの牙城を崩す有力候補として、軍関係者の注目を浴びている。

M4を改良した新世代アサルトライフル

2位

HK416

人気	命中率	耐久性
19	19	19
連射性	威力	総合
19	19	95

世界中の軍や特殊部隊で運用され大活躍中

H&K社がアメリカ軍制式ライフルであるコルト社の「M4カービン」（※P66参照）の改良をアメリカ陸軍より依頼され、2005年に正式にリリースされたアサルトライフル。

初期モデルには「HKM4」の名称が付けられたが、本家M4製造元のコルト社から商標権侵害で訴訟を起こされたため、「HK416」に改称され現在に至る。

本銃は2002年より元デルタフォース（アメリカ陸軍のテロ作戦専門特殊部隊）を迎え進められた、M4系アサルトライフルの改良プロジェクトのひとつとして開発された。H&K社は前年にイギリ

イラクにおける急襲作戦で、建物への突入を試みるアメリカ陸軍兵士たち。手前の兵士が装備しているのがHK416だ。

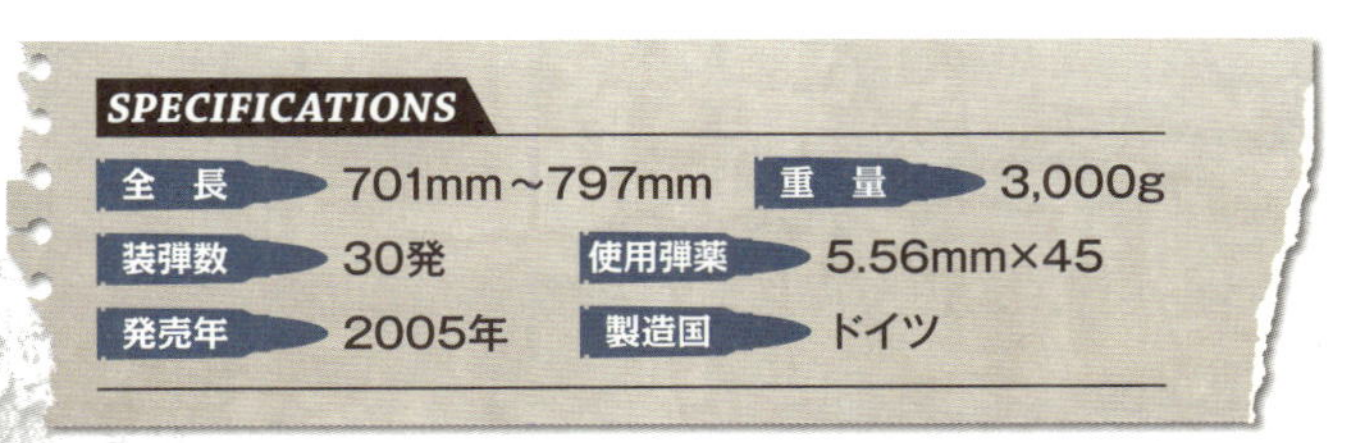

SPECIFICATIONS

項目	値	項目	値
全長	701mm～797mm	重量	3,000g
装弾数	30発	使用弾薬	5.56mm×45
発売年	2005年	製造国	ドイツ

ス軍の制式アサルトライフル「L85A1」の改良を手がけ、その技術力を高く買われての抜擢(ばってき)となった。外観そのものの変更を最小限に止め、各パーツの信頼性を向上。操作方法はそのままで、従来のM4に慣れた射手にも違和感なく扱えるようになっている。しかし、耐久性と信頼性は格段の向上を果たしたものの、予算的な事情からアメリカ軍においては全面的な採用までには至らず、試験運用ののちに主に特殊部隊用として運用された。

その後、様々なバリエーションが開発され世界各国の軍や特殊部隊、警察や法執行機関で採用。新世代のアサルトライフルとして重宝されている。

現代アサルトライフルのスタンダード的存在

M4カービン

人気	命中率	耐久性
20	18	19
連射性	威力	総合
19	18	94

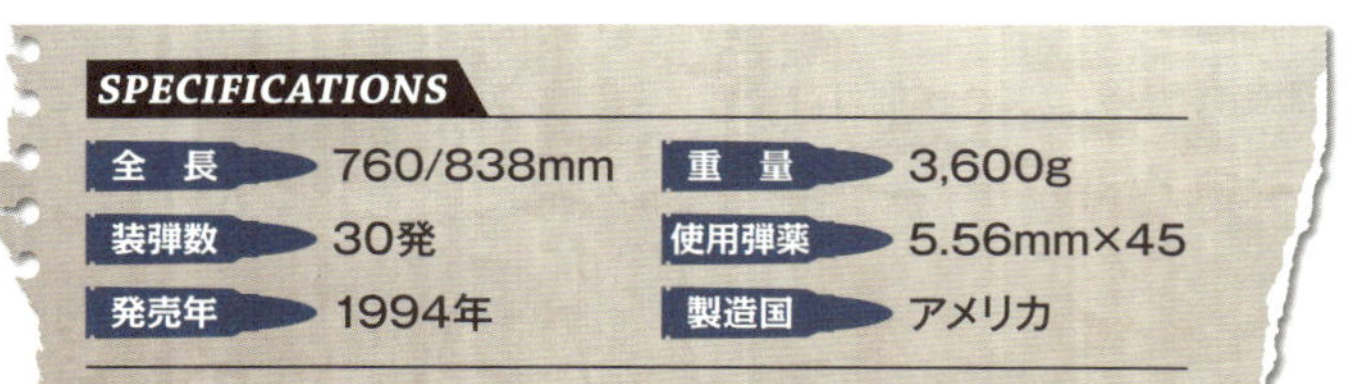

SPECIFICATIONS

項目	値	項目	値
全長	760/838mm	重量	3,600g
装弾数	30発	使用弾薬	5.56mm×45
発売年	1994年	製造国	アメリカ

アメリカ軍の精鋭部隊が装備するカービン銃

現在のアメリカ軍制式採用ライフルであるM4。「カービン」とは、制式ライフルを短縮化した特別な武器という位置づけにあり、敵地偵察や建物内で使用する際の取り回しやすさを重視している。

同じコルト社のアサルトライフル「M16A2」（※P74参照）をカービン仕様にしたもので、1994年にアメリカ陸軍に採用、フルオートモデルの「M4A1」がアメリカ特殊作戦軍US SOCOMで採用された。

銃本体上部のキャリングハンドルと呼ばれる取っ手を外すと、スコープなどを装着できるレールが現れる。他にも暗視装置やレーザーサイトなどの機器

ミサイル巡洋艦USSベラ号から大西洋上に向かってM4カービンを試射する、アメリカ海軍の女性射手。

が装着可能で、各種状況や任務に臨機応変な対応ができるよう設計されている。また、ライトや銃固定用のバイポッド（二脚）、脱着可能なグリップなどの補助器具も装着できるなど、極めて高い汎用性を持つ。この点は世界中の多種多様な環境下を戦場とするアメリカ軍にとって大きな利点となっており、陸海空を股にかけて活躍するアメリカ海軍特殊部隊ネイビーシールズにも信頼される所以であろう。まさに携行性、汎用性、機能性の三要素揃った現代アサルトライフルのスタンダードといえる。

海外の特殊部隊への配備用に他社でも生産が行われており、カナダ製の派生モデルはイギリス陸軍特殊空挺部隊（SAS）で使用されている。

強化プラスチックで軽量化された軍用ライフル

4位

H&K G36

人気	命中率	耐久性
19	19	18
連射性	威力	総合
19	18	93

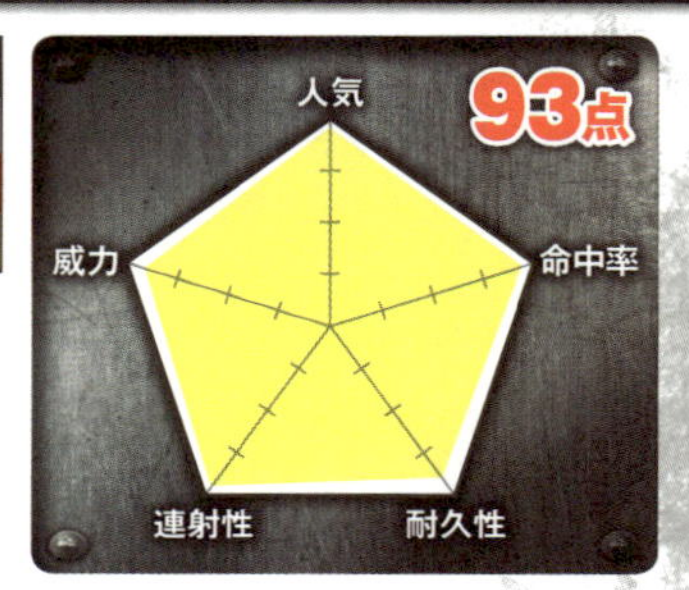

SPECIFICATIONS

全長	758/999mm	重量	3,600g
装弾数	30発	使用弾薬	5.56mm×45
発売年	1997年	製造国	ドイツ

オーソドックスな中にも斬新さが光る傑作

ドイツ軍が1960年より使用してきたアサルトライフル「H&K G3」(※P76参照)の後継機として1990年代初期より開発が進められ、1996年にドイツ連邦軍に制式採用された。

素材やメカニズムにおいて常に先進的であることを求めるH&K社だが、NATOの制式弾が小口径のものに変更されたことを受けて開発された本銃は、メカニズム自体は非常にオーソドックスなものとなっている。

H&K社らしい先進ぶりが発揮された箇所としては、主要構成部に強化プラスチックを採用したこと、残弾数が外から目視できる半透明マガジ

アフガニスタン国家警察の警察官と握手する、G36Kを装備するイギリスの民間軍事会社のオペレーター。

ンなどが挙げられる。照準装置は、軍用の一般的な仕様ではスコープと等倍のドットサイトの2階建てという構成で、熟練の射手でなくても正確かつ素早い射撃が可能となっている。

本国であるドイツのみならず、フランスやスペイン、イギリスなどの軍、警察機関で採用。対テロ戦闘や銃火器を使用した凶悪犯罪への対処に投入されている。

地中に埋めて掘り出した直後や、水につけて10分以内であれば問題なく作動するなど、過酷な状況下においても使用可能なタフネスぶりが高い評価を受けた。

安定した作動、作動不良の少なさ、バリエーションの豊富さで、新世代を担う傑作軍用ライフルとの呼び声が高い。

世界が注目するチェコ製の次世代アサルトライフル

Cz805 Bren

92点

人気
命中率
耐久性
連射性
威力

人気	命中率	耐久性
17	19	19
連射性	威力	総合
19	18	92

NATOの合同演習でチェコ軍が使用

傑作銃を数多く生み出してきたチェコのCz（チェスカー・ゾブロヨフカ）社が、同国軍の制式銃である「Vz58」の後継として開発した次世代アサルトライフル。

元々Cz社は1980年代に「Lada（ラダ）」と名付けられたアサルトライフルをVz58の後継機種として開発していたが、当時の国内情勢により制式銃の置き換えには至らず、「Cz2000」の名称で海外市場への売り込みを図るも失敗に終わってしまう。その後、Ladaの近代的な仕様をそのままに新たな後継機種の開発がスタート。2008年に試作品が完成し、翌2009年に生産が開始さ

銃本体右側。セレクターは左右両側から切り替え可能なアンビタイプ。白い点がセイフティで、赤い点はセミオート、2点バースト、フルオートの順となる。

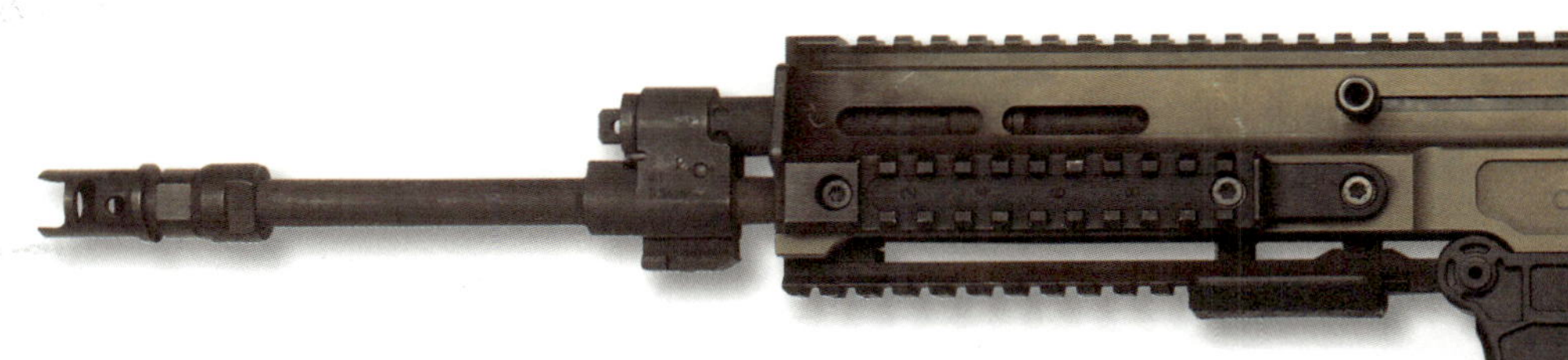

SPECIFICATIONS

全長	670/915mm	重量	3,580g
装弾数	20/30/100発		
使用弾薬	5.56mm×45、6.8mm×43 SPC、7.62mm×39		
発売年	2009年	製造国	チェコ

れたのがCz805 Brenである。「Cz805」は、本来Ladaの最終モデルに付けられた名称だったが、本銃の完成に伴い譲り渡すかたちとなった。

ボディはアルミ合金とポリマーで構成されており、外観共にベルギー製アサルトライフル「FN-SCAR（※P62参照）」に似ている。しかし、SCARと違い各ユニットを交換することで複数の口径に対応可能となっている。バリエーションはフルサイズの「A1」の他にバレルが短い「A2」が存在する。

NATOの合同演習でチェコ軍が使用し、操作性と信頼性の高さに注目が集まった最新アサルトライフルだ。

3パターンの射撃機能を持つ自衛隊制式ライフル

89式小銃

人気	命中率	耐久性
18	19	18
連射性	威力	総合
18	18	91

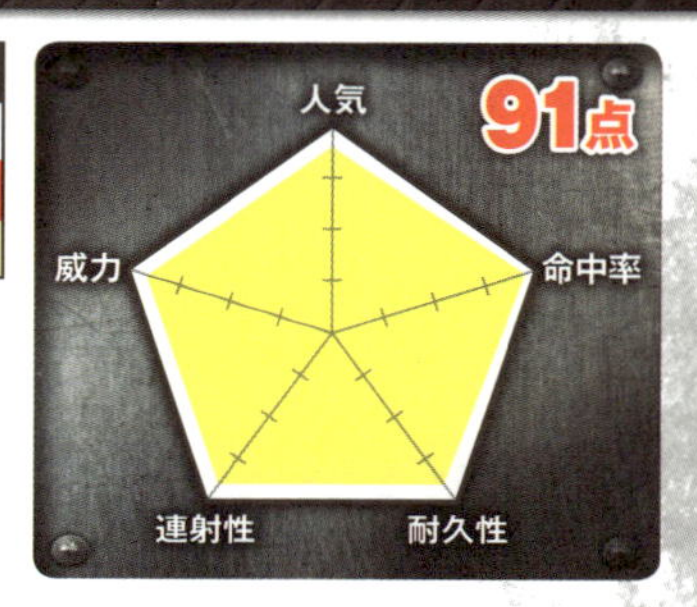

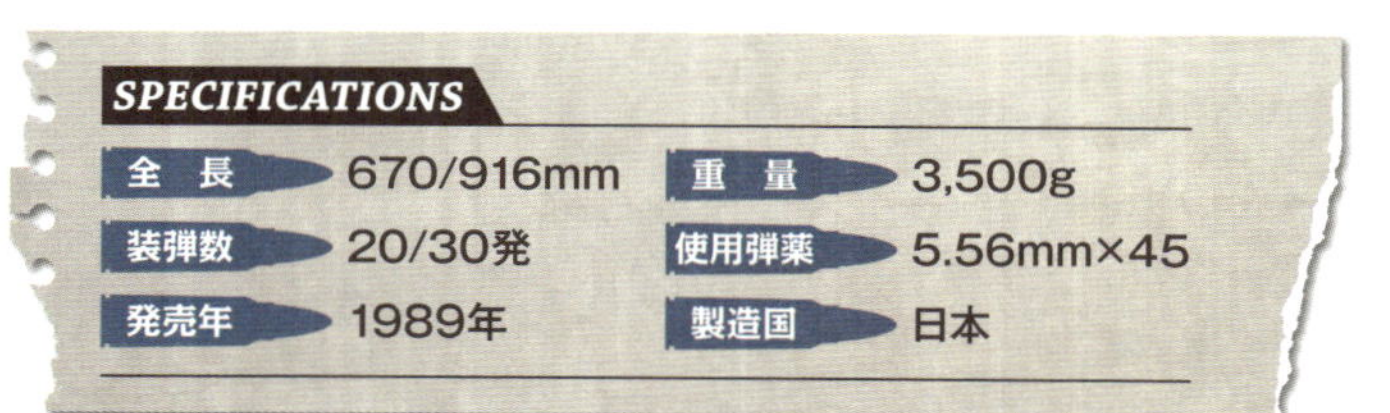

SPECIFICATIONS

項目	値	項目	値
全長	670/916mm	重量	3,500g
装弾数	20/30発	使用弾薬	5.56mm×45
発売年	1989年	製造国	日本

戦後第二世代となる国産軍用小銃

1964年に制式採用された「64式小銃」の後継機となる、日本自衛隊の制式アサルトライフル。工作機械や火器などを手掛ける愛知県の豊和工業が開発し、1989年に採用された。

7・62㎜弾を使用する古い規格だった64式とは異なり、アメリカ軍を始めとした西側諸国が使用しているのと基本的に同じ5・56㎜弾を発射する、現時点での自衛隊最新アサルトライフルである。

部品点数が多く、分解整備に手間がかかった64式への反省から構造が見直され、はるかに簡単に分解が行えるように改良されている。また、銃本体最後部の肩に当てる部分

陸上自衛隊の主力小銃となる89式小銃。銃の中心部に付いているのは排出される空薬莢を収容するためのポーチである。

からグリップ部までの寸法が比較的短くなるなど、日本人の体格に合わせた設計となっている。また、肩当て部分がわずかに左右非対称の形状で、構えた際に非常に狙いを付けやすい。射撃機能としてはフルオート、セミオートの他に、引き金を1回引く度に3発だけ弾が連射される3点バースト機能が標準装備されている。

切り替えレバーは安全装置が「ア」、セミオートが単発の「タ」、3点バーストが「3」、フルオートが連射の「レ」と表示され、90度ずつ回転させて切り替える。

銃として斬新な点はないものの、その命中精度は世界各国のアサルトライフルと比較しても高いといわれている。

アメリカ兵が信頼を置く高性能ライフル

7位

M16A2

人気	命中率	耐久性
18	18	18
連射性	威力	総合
18	18	90

SPECIFICATIONS

全長	990mm	重量	3,500g
装弾数	30発	使用弾薬	5.56mm×45
発売年	1981年	製造国	アメリカ

あのゴルゴ13が本銃のカスタムを愛用！

１９６７年にアメリカ陸軍制式ライフルに採用され、ベトナム戦争でも使用された「Ｍ１６Ａ１」の後継機として開発。様々な改良を加えて近代化され、１９８２年にアメリカ全軍に制式採用された。

１９８４年からＭ１６Ａ１に代わり順次更新が開始され、１９９１年開戦の湾岸戦争においてはアメリカ軍の主力アサルトライフルとして活躍。その完成度の高さで兵士から絶大な信頼を得た。

Ｍ１６Ａ１からの改良点としては主に、フルオートを排して３点バーストを取り入れた射撃機能、材質をナイロン系強高度プラスチックに変更して形状にも若干の修正を加え

ハワイのスコフィールド・バラックスにおけるアメリカ陸軍輸送隊の実弾射撃訓練で、トラック後部からM16A2を発砲する隊員。

たストック、左右分割式の三角形状から上下分割の円形状に変更されたハンドガード（被筒）などが挙げられる。戦地での戦闘経験をもとにM16A1の弱点を徹底的に考証した上で、部品点数の軽減や硬度の向上を実現。威力、射程距離、命中精度ともに非常に優れたアサルトライフルとしてバージョンアップした。現在では「M4カービン」（※P66参照）にアメリカ軍主力ライフルの座を譲っているものの、依然として軍関係者の多くから高い評価と信頼を得ている。

日本では劇画『ゴルゴ13』の主人公である天才狙撃手ゴルゴ13が、本銃をベースにしたカスタムモデルを愛用している。

高い完成度を誇るH&Kの原点

H&K G3

人気	命中率	耐久性
17	18	18
連射性	威力	総合
18	18	89

西ドイツ初の自国開発銃

1956年のドイツ連邦軍創設にあたり、それまでミシンや精密機械を製造していたH&K社は軍用火器の開発・製造に方向転換を図った。そして、同社の銃器開発デビュー作にして傑作となったのがこのG3である。

1964年から1996年まで長きにわたりドイツ連邦軍の制式アサルトライフルとして採用。さらにはポルトガルやギリシャ、トルコなど世界40カ国以上で採用され、その性能や実績への評価は高い。

雛形となるのは、第二次世界大戦末期にモーゼル社によって開発が試みられていた「StG45」アサルトライフル。だが直接のベースとなったのは、ドイツ敗戦後にモー

分解された状態のH&K G3。把握するのも大変な程多くの派生モデルを生み、のちのアサルトライフルに多大な影響を与えた。

SPECIFICATIONS

全長	1,026mm	重量	4,400g
装弾数	20/30/43発	使用弾薬	7.62mm×51
発売年	1964年	製造国	ドイツ

ゼル社の開発陣がスペインに渡り協同開発した「セトメライフル」である。

シンプルかつ堅牢で高い着弾精度を誇る作動機構で、生産性に優れた設計。さらには訓練経験の浅い兵士でも比較的扱いやすい構造で好評を博した。本銃はH&K社の軍用小火器市場拡大に大いに貢献し、数多くのバリエーションが作られた。

アメリカの「M16」、ロシアの「AK47」(※P78参照)、ベルギーの「FAL」とならぶ世界4大アサルトライフルに数えられている。

同社の「G36」(※P68参照)が登場後は第一線から退いたものの、現在も部隊支援の選抜射手用ライフルとして一部で使用されている。

世界で最も多く製造されたアサルトライフル

AK47

人気	命中率	耐久性
16	16	19
連射性	威力	総合
17	20	88

過酷な戦場に耐えうるシンプルで堅牢な機構

元戦車兵である設計者ミハイル・カラシニコフが1940年代半ばより開発を進め、1949年にソビエト連邦軍で制式採用。高い生産性と耐久性を誇る、世界で最も多く製造されたアサルトライフルである。

開発当初は「7・62㎜アフトマート・カラシニコバ（カラシニコフ自動小銃）」の制式名称であったが、幾度にもわたる改良を経て登場した派生モデルと区別する意味で「AK47」と呼ばれるようになった。

その最大の特徴はアサルトライフルとしての信頼性の高さである。これはただ単に頑丈であるというだけでなく、「設計に余裕を持たせた上で大き

K47の改良型である「AKM」の東ドイツ版となる「MPi-KM」をかまえるイラク軍兵士と、彼に射撃を教えるアメリカ海兵隊員。

SPECIFICATIONS

項目	値	項目	値
全長	870mm	重量	4,300g
装弾数	20/30発	使用弾薬	7.62mm×39
発売年	1949年	製造国	ソビエト連邦

くて重量のある部品を十分な圧力で動かす」という根本的な設計思想によるものだ。過酷な戦場において気温の変化・砂塵（さじん）や泥による汚れなどにさらされたり、供給される弾が粗悪だったり不均一だったとしても、問題なく動き射撃を続けることができるという、軍用銃に求められる最も重要な要素を高レベルで実現している。ただ、東西冷戦時代に東側諸国で大量にコピー製造された結果、武器市場で安価に取引されテロや犯罪に使用されることでイメージが悪くなってしまったことも事実である。

　現在ロシア軍では後継モデルが採用されているが、総合性能の高いアサルトライフルとしての評価は未だ衰えることはない。

どんな環境下でも使用可能な信頼性の高いライフル

10位

ガリル

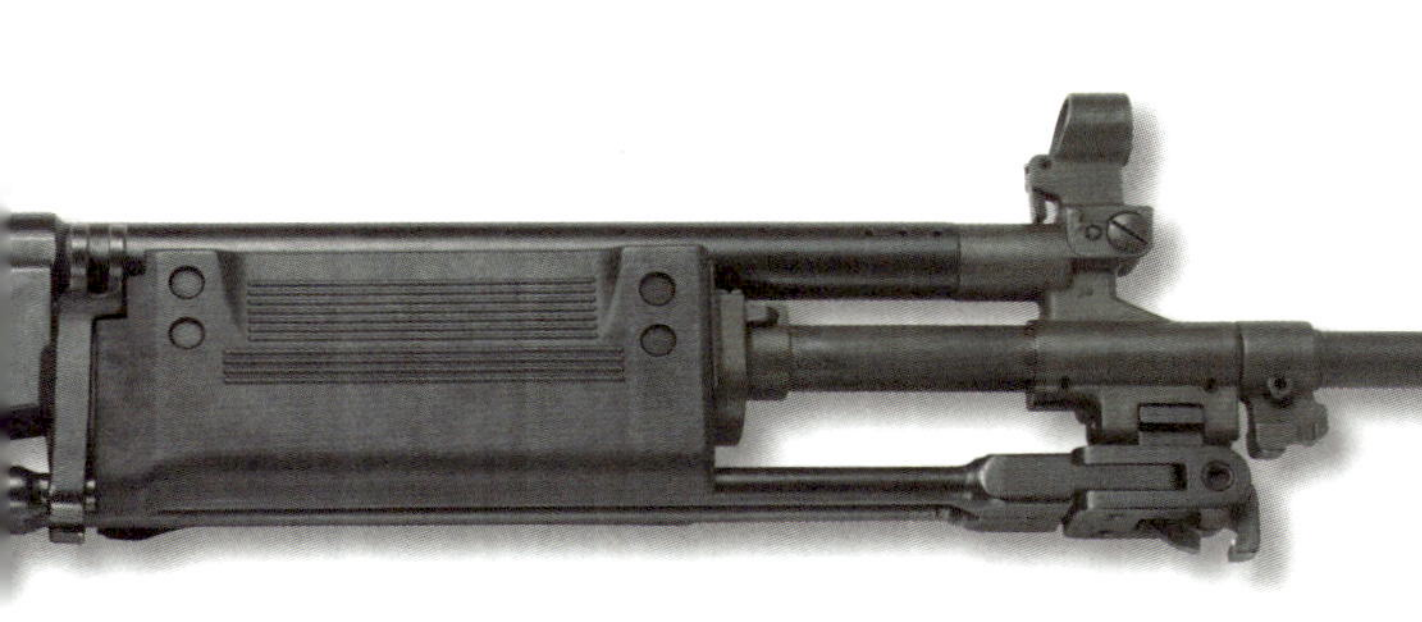

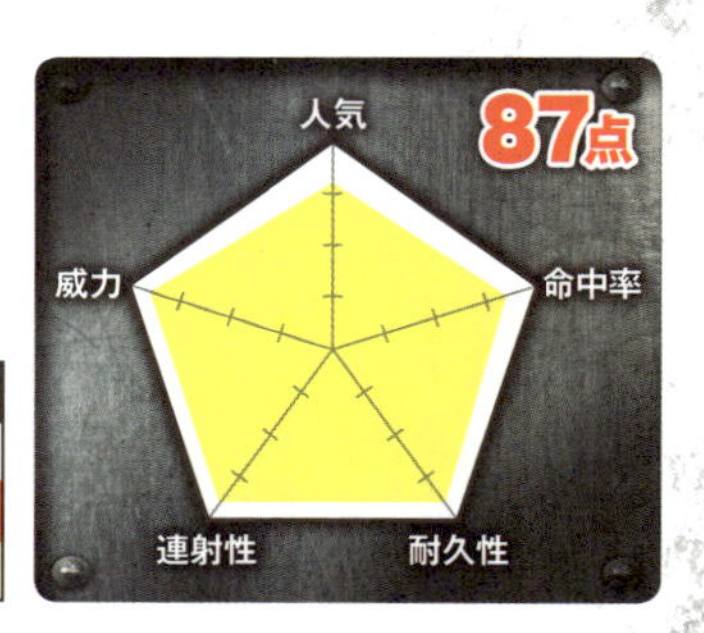

人気	命中率	耐久性
16	17	18
連射性	威力	総合
18	18	87

栓抜きが付いたライフルは世界でもこの銃だけ?

イスラエルのIMI社が開発したアサルトライフル。名称の「ガリル」は、本銃の開発者のひとりであるロシア出身の「イスラエル・ガリリ」と、パレスチナの「ガリラヤ地方」に由来するという。

1950年代までベルギー製アサルトライフル「FN FAL」(※P86参照)を使用していたイスラエル国防軍が、より軽量で命中精度の高い銃の開発を目指し誕生したのが本銃である。

過酷な環境でも確実に作動することが重要視され、基本的なメカニズムは信頼性の高さで定評のある「AK47」(※P78参照)の影響を強く受けている。だがメカニズム以外は、

アフリカ北東部の共和制国家ジブチの国軍兵士の訓練風景。彼らが装備するのは、7.62mm 弾仕様のガリル AR だ。

SPECIFICATIONS

全長	724/979mm	重量	4,300g
装弾数	35/50/60発	使用弾薬	5.56mm×45
発売年	1972年	製造国	イスラエル

扱いやすいレバーの配置や熱くなったバレルに触れずに持ち運べる持ち手の追加など、実戦に即した独自の工夫が多数盛り込まれている。特に有名なのは、先端近くにあるバイポッドの付け根部分がコーラ瓶などの栓抜きになるというユニークな装備である。これは、戦場で兵士が食事の際に瓶の栓を叩くためにマガジンなどを使い変形させ、作動不良の原因となる例が多発したことによる。銃としての性能に直結しない機能が付与されたのは非常にレアなケースである。

高性能であることに加えて、痒いところに手が届く機能を持つ気の利いた設計のライフルであり、世界中の兵士から高い信頼を得ていることも頷ける。

世界初のプラスチックを多用した軍用ライフル

ステアーAUG

人気	命中率	耐久性
18	18	16
連射性	威力	総合
17	17	86

SPECIFICATIONS

全長	790mm	重量	3,600g
装弾数	30発	使用弾薬	5.56mm×45
発売年	1977年	製造国	オーストリア

斬新なフォルムを持つ"ブルパップ"式ライフル

オーストリアの銃器メーカー、シュタイヤー・マンリヒャー社が開発し、1977年にオーストリア連邦軍の制式ライフルとして採用された"ブルパップ"方式のアサルトライフルである。ブルパップとは、機関部をトリガーより後ろのスペースに収め、バレルを短くすることなく銃を小型化させる方式で、弾の威力&命中精度の維持と取り回しの良さを同時に可能にしている。実銃におけるプラスチックの使用はそれまで部分的でしかなかったが、本銃においては大部分に使用されており、大幅な軽量化を成功させた。堅牢性も非常に高く特殊部隊で採用されるケースも多い。

高い威力と精度を誇る軍用ライフルの名作

M14

人気	命中率	耐久性
16	17	18
連射性	**威力**	**総合**
15	19	85

SPECIFICATIONS

全長	1,181mm	重量	5,200g
装弾数	20発	使用弾薬	7.62mm×51
発売年	1957年	製造国	アメリカ

ベトナム戦争では苦汁を飲んだが……

アメリカのスプリングフィールド造兵廠で製造、1957年にアメリカ軍に制式採用されたアサルトライフル。第二次世界大戦と朝鮮戦争で使用されたセミオートライフル「M1ガーランド」（※P90参照）の改良発展型として開発された。

1964年よりベトナム戦争の本格的な介入を始めたアメリカ軍の主力装備となり、その威力と有効射程距離の長さが評価される。だがその一方で、ジャングルではその銃身の長さが災いして近接戦闘においては不利となった。現在では、アメリカ海兵隊で狙撃銃や選抜射手用のライフルとして一部使用されている。

戦後初の国産自動小銃

13位

64式小銃

人気	命中率	耐久性
17	17	17
連射性	威力	総合
15	18	84

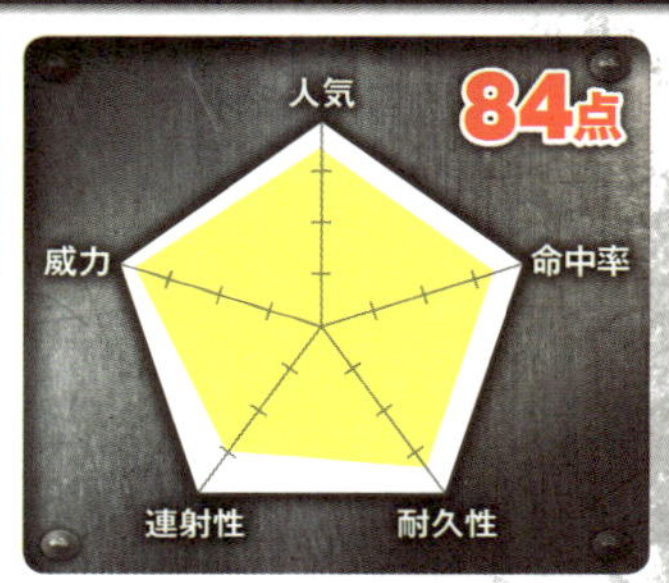

SPECIFICATIONS

項目	値	項目	値
全長	990mm	重量	4,400g
装弾数	20発	使用弾薬	7.62mm×51
発売年	1964年	製造国	日本

日本独自の工夫が織り込まれた設計

豊和工業が戦後初の純国産自動小銃として開発・製造、1964年に自衛隊および海上保安庁の制式ライフルとして採用されたのが64式小銃だ。陸上自衛隊では狙撃銃としても運用された。

発足当時はアメリカの「M1ガーランド」(※P90参照)と旧式の九九式小銃を使用していた自衛隊だが、1950年代末にNATO標準弾が7・62㎜×51に変更されたのが誕生のきっかけとなる。

外国製の小銃が日本人の体格と比較して大きめであり、日本も主力銃を国産化するべきとの声も手伝い開発が決定。数々の外国製小銃を参考に、日本人の体格に合わせた

64式小銃で射撃訓練中の航空自衛隊基地警備教導隊員。後継の89式登場後も、航空自衛隊や海上自衛隊などで使用され続けている。

作りとなっている。さらには緩速機構やブレや振動を抑える構造、二脚の標準装備など、連射時の命中精度を向上させるための工夫を凝らした設計がなされている。しかし、部品点数の多さによる整備性の悪さなど欠点も多く、部品脱落防止のためビニールテープ補強などの対策をしても問題解消には至らなかった。

1989年には後継の「89式小銃」（※P72参照）が登場したが、その威力と射程距離を買われて予備狙撃銃や後方支援用として現在も使用されているという。

自衛隊員として実際に使用した人々の現場の意見も含めて賛否両論ある銃だが、まだまだ使用され続けていく銃であろう。

高い命中精度で名銃の誉れ高いベルギー製ライフル

FN FAL

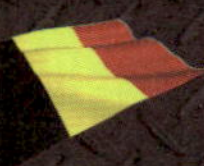

人気	命中率	耐久性
15	17	16
連射性	威力	総合
17	18	83

SPECIFICATIONS

全長	1,143mm	重量	4,500g
装弾数	20発	使用弾薬	7.62mm×51
発売年	1950年	製造国	ベルギー

アメリカの意向で設計が変更される悲運に

ベルギーFN社の名銃器技師であるデュードネ・サイーブが設計した高性能アサルトライフル。〝FAL〟は、「Fusil Automatique Leger（フランス語で軽自動小銃）」の略称である。

本銃は西側諸国におけるアサルトライフルの第1世代と呼ばれ、小型弾を単発と連射の両方で発射することが可能な主力の歩兵用ライフルとして誕生し、後発銃に大きな影響を与えた。

1948年に試作品が完成し、このときは「7・92㎜クルツ」、「30カービン」、「280ブリティッシュ」といった、次世代を担う短小ライフル弾の使用を前提に設計された。し

金属製の折りたたみ式ストックを装備した、“パラトルーパー”と呼ばれる「FAL 50.61」モデルを装備したボリビア軍兵士。

かしながら、アメリカの意向によりNATOの共通ライフル弾薬がフルサイズとなる7・62㎜NATO弾となったため、試作品が設計変更を余儀なくされてしまった。また、弾薬の大きさに合わせて銃そのものも一回り大きくなった。

この強力な弾薬の使用により、連射時は反動が強くコントロールがやや困難となるが、単発射撃においては非常に優れた性能と命中精度を発揮した。本国ベルギー以外でも、アイルランド、イギリス、オランダなど多くの国で採用された。

のちに太めのバレルとバイポッドを標準装備したモデルや、金属製の折りたたみ式ストックを採用したモデル、カービンタイプのモデルなどが製造された。

特殊部隊御用達の先進的なライフル

タボール

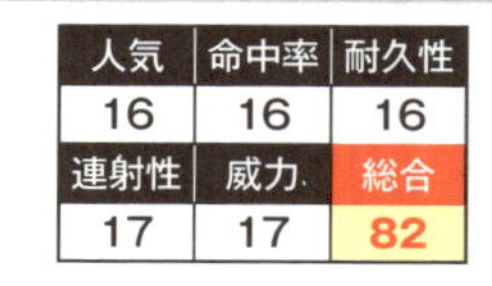

人気	命中率	耐久性
16	16	16
連射性	威力	総合
17	17	82

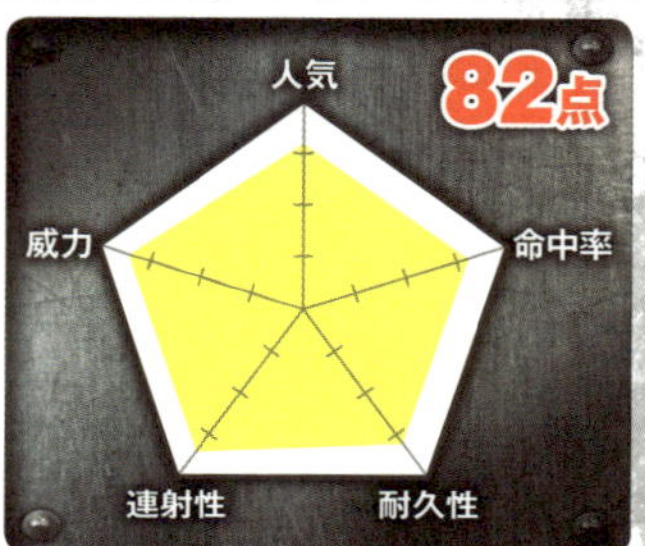

SPECIFICATIONS

全長	725mm	重量	3,300g
装弾数	30発	使用弾薬	5.56mm×45
発売年	2002年	製造国	イスラエル

近未来的デザインの市街戦に強い名銃

IMI社がイスラエル国防軍と協同開発した、ブルパップ方式のアサルトライフルである。SF映画に登場しそうな斬新なフォルムが特徴で、プラスチックを多用することで軽量化を実現。イスラエル国防軍で多く使用されているアメリカ製のM16系アサルトライフルと補給を共有するため、マガジンはM16系のものが使用できるよう設計されている。銃身長を延長した狙撃仕様のモデルから、拳銃弾を使用する小型モデル「マイクロタボール」まで、同デザインで数多くのバリエーションが製造された。インド軍をはじめ、コロンビア、タイなどの特殊部隊でも使用されている。

高い命中精度を誇るスイス軍制式ライフル

16位

SIG SG550

人気	命中率	耐久性
15	16	16
連射性	威力	総合
17	17	81

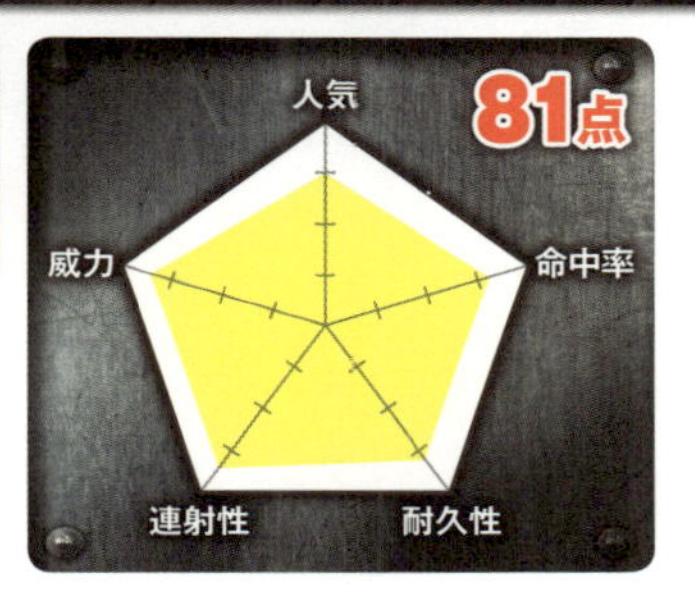

SPECIFICATIONS

全長	772/998mm	重量	4,100g
装弾数	5/20/30発	使用弾薬	5.56mm×45GP90
発売年	1986年	製造国	スイス

スイスでは一家に一丁は置いてある?

1983年にスイス軍の制式ライフルとして採用。命中精度と耐久性に優れ、発表された当初は世界で最も優秀なアサルトライフルといわれた。山岳部が多いスイスにおいては遠距離狙撃能力が重要となるため、遠方射撃に適した自国製の弾を使用。また、ハンドガードにバイポッドが装備されているなど、狙撃用ライフルとしてのスペックも備えている。なおスイスでは、徴兵を終え予備役となった国民に軍用ライフルが貸与されるため、多くの家庭に本銃が置かれているという。派生モデルとしてカービンタイプの「SG551」、コンパクトタイプの「SG552」などがある。

世界で初めて全軍配備された軍用セミオートライフル

M1ガーランド

人気	命中率	耐久性
17	16	16
連射性	威力	総合
12	19	80

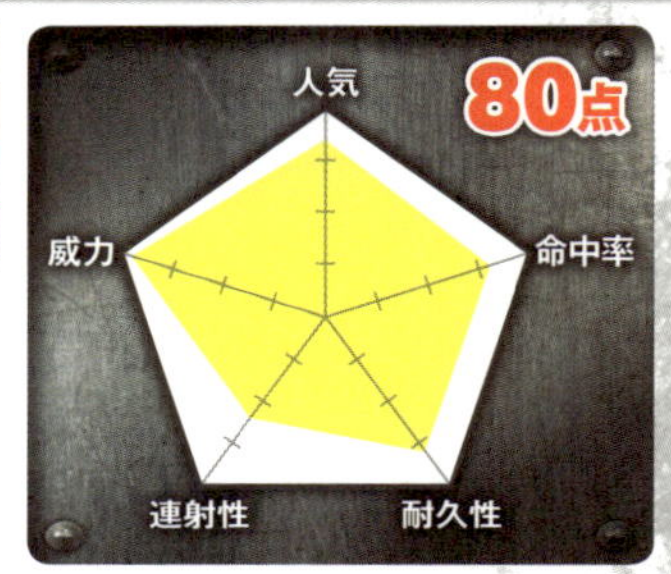

SPECIFICATIONS

項目	値	項目	値
全長	1,105mm	重量	4,300g
装弾数	8発	使用弾薬	.30-06 Springfield（7.62mm×63）
発売年	1936年	製造国	アメリカ

軍用銃としての性能と採用時期が功を奏した

銃器技師であるジョン・ガーランドが設計、アメリカのスプリングフィールド造兵廠が開発・製造したセミオート（半自動）ライフルで、約8年の歳月をかけてアメリカ軍で制式化され「M1」の称号を得た。

作動メカニズムは信頼性も高く堅牢、互換性の観点から一世代前の制式ライフルとなる「M1903」と同じく威力が高い.30-06弾が採用され、主力小銃として申し分ない出来となった。

また、本銃は制式化された時期が第二次世界大戦勃発直前ということもあり、アメリカ軍は世界で唯一、全軍にセミオートマチック式のライフルを

1944年、アメリカ陸軍のチャールズ・M・ウェッソン少将（中央）にM1ガーランドの解説を行う設計者のジョン・ガーランド（左）。

配備した軍隊として、同大戦を戦い抜くことができたのである。しかも、この軍用ライフルのセミオートマチック化は、戦術面にも重大な変化をもたらした。ボルトアクション式のライフルを持つ同人数の部隊に比べて、短時間で大量の弾を撃つことが可能となったからである。また、8発の弾を金属製クリップを使って装填、全弾撃ち終わるとクリップが自動排出されるため、すぐさま次の装填が行えるという利点があり、装弾数は多くないもののシンプルかつ素早い再装填を可能にした。

1944年頃より、本銃にフルオート射撃機能と着脱式マガジンを追加した改良モデル「M14」（※P83参照）の開発が始められた。

映画でスパイや暗殺者が使う銃として有名

18位

アーマライトAR-7

人気	命中率	耐久性
19	17	18
連射性	威力	総合
13	12	79

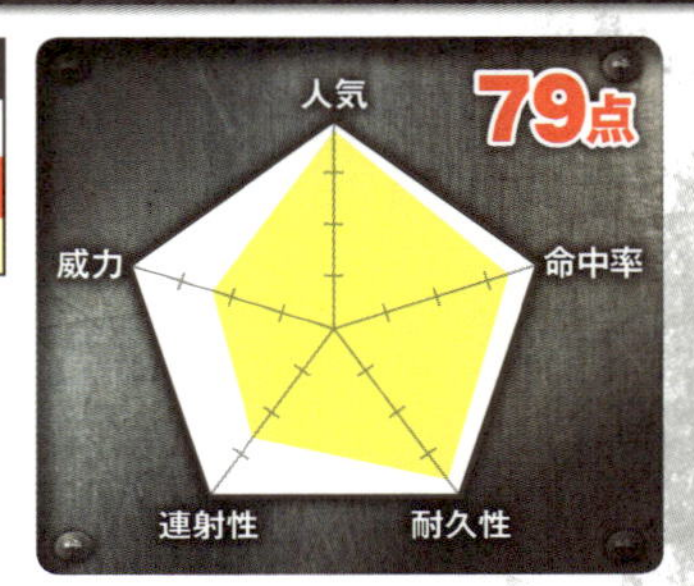

SPECIFICATIONS

全長	889mm	重量	1,130g
装弾数	8/10/15/25/50発	使用弾薬	.22LR
発売年	1959年	製造国	アメリカ

嘘かホントか、水に浮くことができる銃

元々はアメリカのアーマライト社が戦闘機のパイロットが不時着した際のサバイバル銃として開発。その後、民間用モデルとしてリニューアルされた変わり種のライフルだ。使用弾薬は威力自体はあまり強くない．22LR弾。バレル、機関部、樹脂製のストックの三つの主要部から成り立っており、使用しないときは分解して金属製のバレルと機関部をストック内部に収納できる。また、その状態であれば水に浮くことも可能といわれている。1963年の大ヒット映画『007 危機一発(ロシアより愛をこめて)』で主人公ジェームズ・ボンドが本銃を使用して話題を呼んだ。

反動の弱いカービン弾を撃つ軍用補助火器

19位

M1カービン

人気	命中率	耐久性
18	18	16
連射性	威力	総合
13	13	78

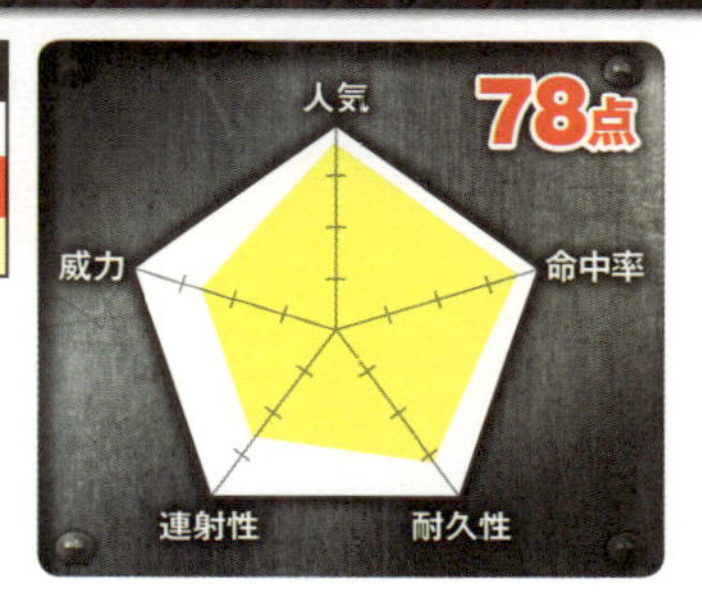

SPECIFICATIONS

項目	値	項目	値
全長	904mm	重量	2,500g
装弾数	15発	使用弾薬	7.62mm×33(.30カービン)
発売年	1941年	製造国	アメリカ

軽量で使い勝手の良いカービン銃

第二次世界大戦初頭に、アメリカのウインチェスター社が開発したセミオート式のカービン銃である。開発の経緯としては、それまで戦場では後方部隊員に拳銃が支給されていたが、火力として貧弱であったため拳銃より強力でライフルより軽くて扱いやすい補助火器が必要とされたことによる。軽量で取り回しも良く信頼性も高い本銃は好評を博し、のちに単発と連射が切り替え可能となった改良モデル「M2カービン」が登場している。戦後はアメリカの友好国に多数供給され、1950年代には日本の警察予備隊(自衛隊の前身)でも採用された。

パトカーに搭載されたり警備任務に使われる

20位

Mini14

人気	命中率	耐久性
16	16	16
連射性	威力	総合
16	13	77

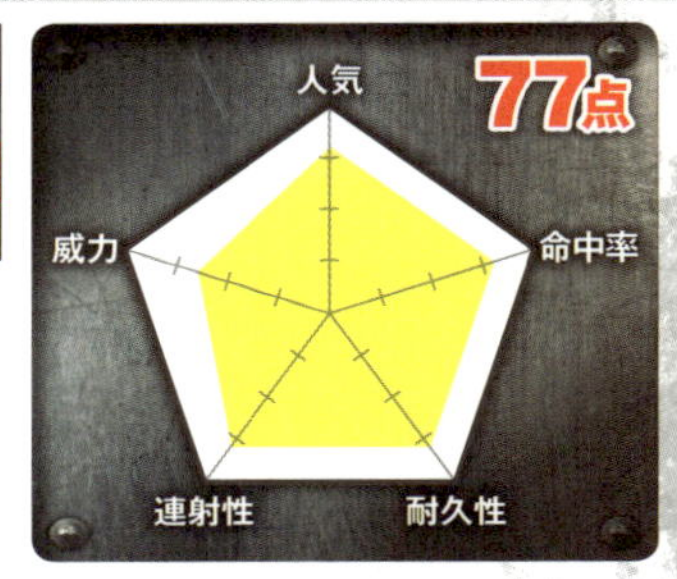

SPECIFICATIONS

全長	946mm	重量	2,900g
装弾数	5/20/30発	使用弾薬	5.56mm×45
発売年	1973年	製造国	アメリカ

小型で壊れにくく使い勝手は抜群

アメリカのスタームルガー社が開発した民間向けのカービン銃で、アメリカ軍の制式ライフルだった「M14」(※P83参照)のミニサイズ版ともいえる。精密射撃を行えるような性能はないが、安価で軽量かつ壊れにくい点が魅力で、牧場での小型害獣駆除に使用する「ランチライフル」として人気である。木製部分が多く小ぶりな外観で銃としての物々しさが軽減されているため、市民や観光客などの目に触れる場所などで制服警官が使用する例も多い。後年には使用弾薬を変更した軍用、警察用のフルオート、3点射撃機能を搭載したモデルも開発された。

アサルトライフルの原型といえるドイツの名銃

21位

StG44

人気	命中率	耐久性
13	15	17
連射性	威力	総合
16	15	76

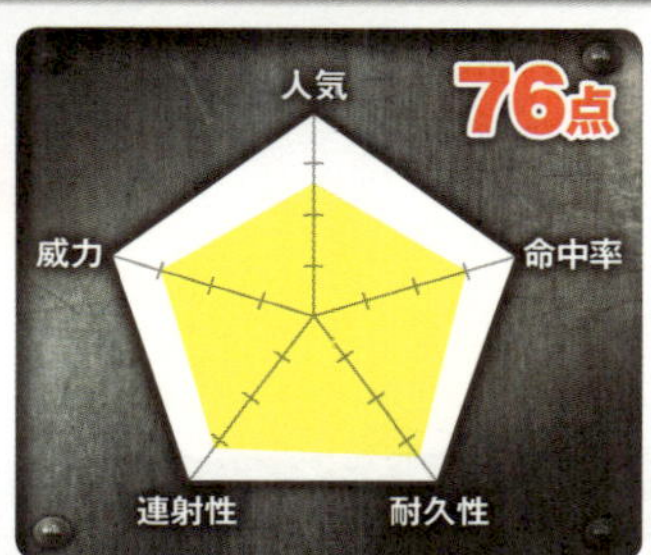

SPECIFICATIONS

全長	940mm	重量	5,200g
装弾数	30発	使用弾薬	7.92mm×33クルツ
発売年	1943年	製造国	ドイツ

フルオートで撃てる歩兵銃を目指して

ドイツのハーネル社で開発され、第二次世界大戦の真っ只中に主力小銃としてナチス・ドイツにより量産された軍用小銃。短距離戦闘における取り回しの良さと、遠距離射撃における命中精度を併せ持つ「フルオートで撃てる歩兵用ライフル」という新しいカテゴリーの銃として開発が進められ、紆余曲折を経て誕生した本銃は「シュトゥルムゲヴェーア（ドイツ語で突撃銃）44」と命名された。その設計思想は戦後の軍用ライフル開発に多大な影響を与え、現在のアサルトライフルの礎となった銃として、銃器研究家やマニアから高く評価されている。

ボルトアクションライフルの元祖的存在

22位

Kar98k

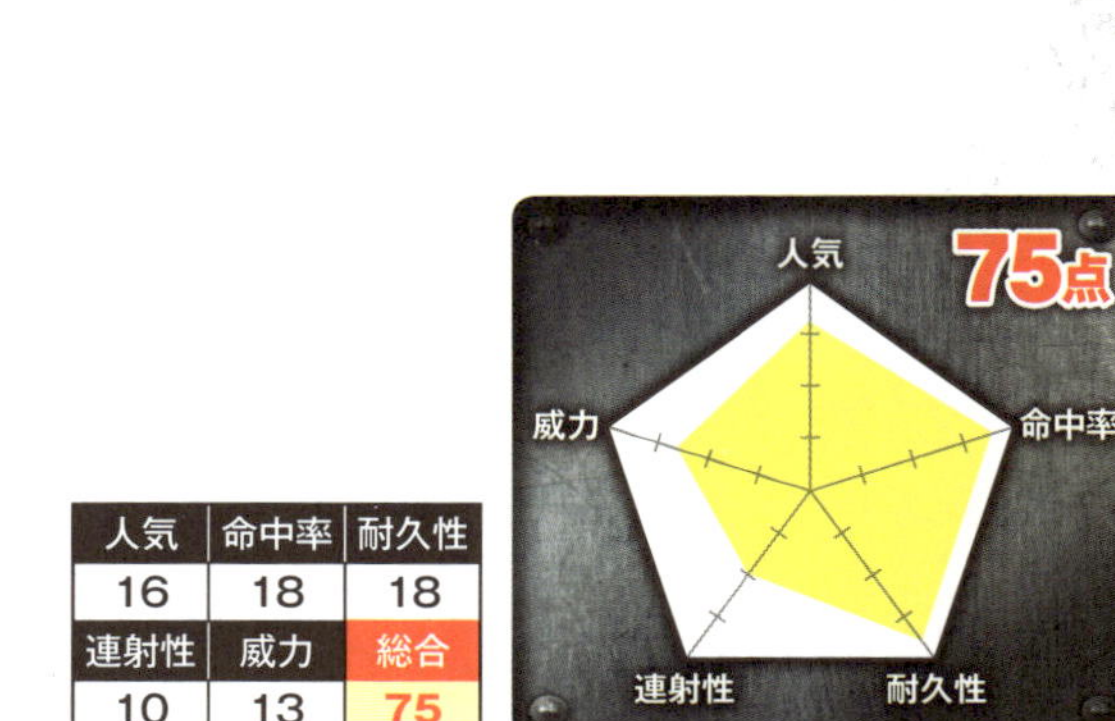

人気	命中率	耐久性
16	18	18
連射性	威力	総合
10	13	75

第二次世界大戦下のドイツ軍主力銃

1930年～1950年代の間、ドイツ軍で制式採用されていたボルトアクション式ライフル。第二次世界大戦を通じてドイツ国防軍や武装親衛隊の主力銃として使用された。

メカニズムの改良による安全性の向上、長さの短縮などの改良を受け、軍用ライフルとしてほぼ完成された形となったのが、このKar98kであるといわれている。

弾薬をバレルの後ろ側から装填するいわゆる「後装銃」と呼ばれるものは、バレルの後部をどれだけガッチリと閉鎖するかが問題となる。そのためのメカニズムが数多く考案され、その中でも最も成功し、

第二次世界大戦時。飯ごうやテント、円筒形のガスマスクケースなどと一緒にKar98kを背負ったドイツ軍兵士。（写真：AP/アフロ）

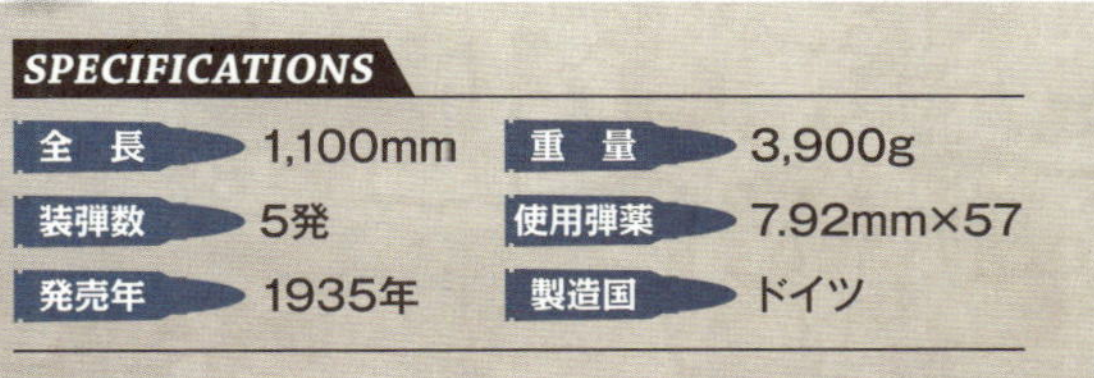

SPECIFICATIONS

全長	1,100mm	重量	3,900g
装弾数	5発	使用弾薬	7.92mm×57
発売年	1935年	製造国	ドイツ

現在でも多く使用されているのが、90度ほど回転させるだけで締め付けることが可能なボルト（ネジ）を使って閉鎖する「ボルトアクション方式」だ（※実用化した本人の名前から「モーゼルアクション」ともいわれる）。その元祖ともいえる本銃は極めて優れたライフルである。現在でもドイツではほぼ同じ仕様のライフルが生産され続けている。映画『インディ・ジョーンズ』シリーズや『プライベート・ライアン』でも目にすることがあるだろう。

　軍用としてはもちろん、民間用としても世界で広く使用されているボルトアクションライフルの傑作である。

全ての大戦を通じてアメリカ軍の主力となった銃

23位

スプリングフィールド M1903

人気	命中率	耐久性
16	18	17
連射性	威力	総合
10	13	74

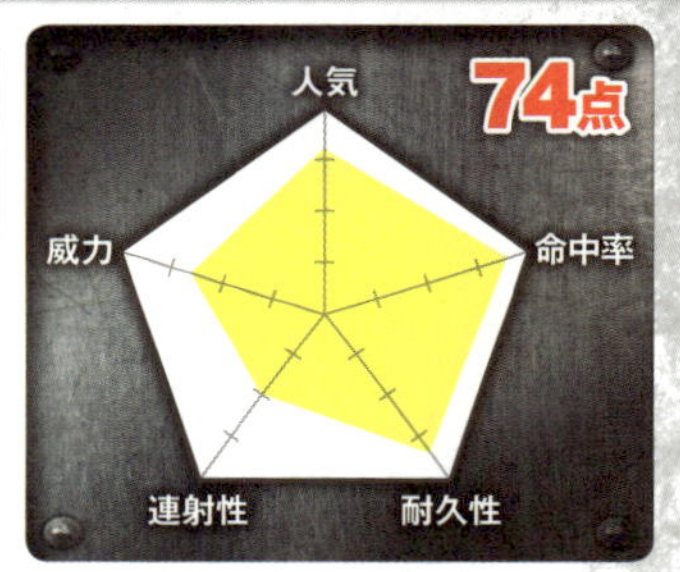

SPECIFICATIONS

全長	1,115mm	重量	3,900g
装弾数	5発	使用弾薬	.30-03 Springfield、.30-06 Springfield
発売年	1905年	製造国	アメリカ

ドイツ製モーゼルライフルの影響を強く受けて

1905年にアメリカ陸軍の制式ライフルとなった、スプリングフィールド社製のボルトアクション式ライフル。クラシックな銃ながらその性能の良さと美麗なフォルムで人気が高い。

使用弾薬である.30-06弾は、現実的なレベルにおいて、ほぼ上限に近い威力を持ち、現在に至るまで軍用、狩猟用、競技射撃用として広く使用され続けている優秀なものである。

第一次、第二次の両世界大戦で活躍し、「M1ガーランド」（※P90参照）が配備される1942年頃まで第一線で使用された。さらに、朝鮮戦争、ベトナム戦争まで狙撃銃

第一次世界大戦期。迷彩塗装を施したスプリングフィールドM１９０３にスコープを取り付けたアメリカ軍の狙撃兵。

として長きにわたり活躍を続けた。第一線から退いた現在でも、その見た目の美しさとバランスの良さから儀仗兵や軍楽隊員などが手にするライフルとして、式典などの報道写真で目にする機会が比較的多い。本銃の設計・開発はドイツ製のモーゼルライフルの影響を強く受けたものになっているが、これはアメリカに限らずイギリス、日本を含む世界各国で製造されたボルトアクション式ライフルに共通した話である。陸上自衛隊でも本銃の改良版が狙撃銃として配備されたという。

全ての大戦を戦った主力銃として大量に生産された銃であり、現在でも程度の良いモデルがアメリカ国内において安価で販売されている。

連合軍からも評価された日本軍主力小銃

三八式歩兵銃

人気	命中率	耐久性
15	18	17
連射性	威力	総合
10	13	73

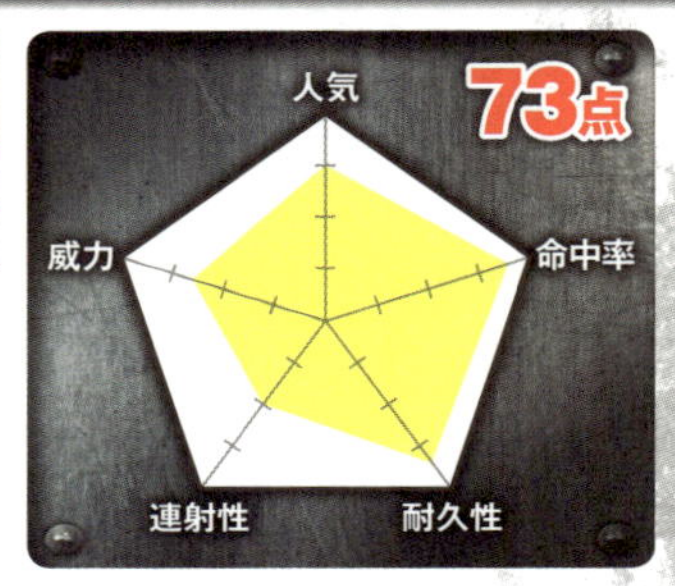

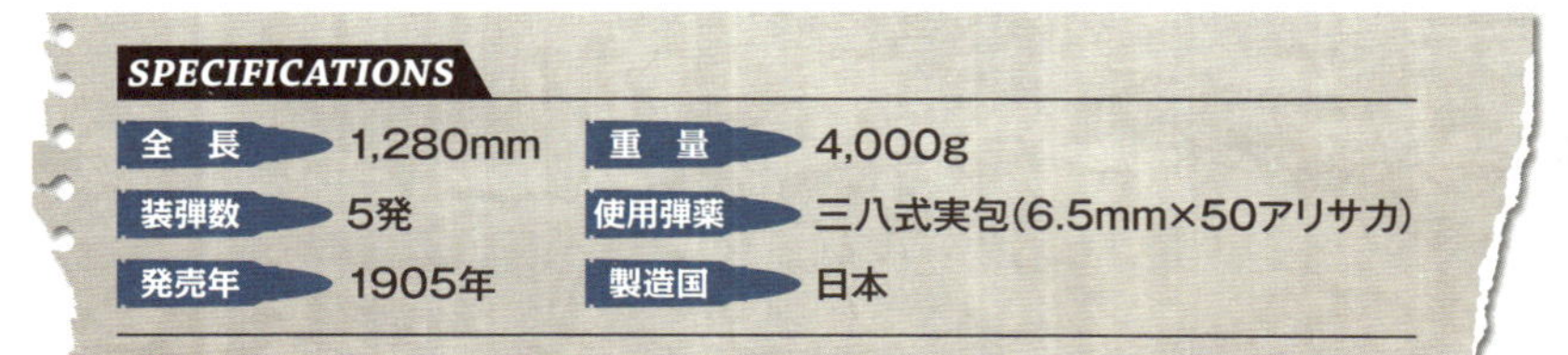

SPECIFICATIONS

全長	1,280mm	重量	4,000g
装弾数	5発	使用弾薬	三八式実包(6.5mm×50アリサカ)
発売年	1905年	製造国	日本

激動の時代を戦い抜いた古参兵の貫録

日本陸軍の軍人であり、優秀な銃器開発者であった有坂成章が設計した「三十年式歩兵銃」を、彼の部下としてその開発に携わった南部麒次郎が改修したのが、この三八式歩兵銃である。

使用弾薬に関しても本銃用に「三八式実包」が新たに開発されたが、この弾薬は三十年式歩兵銃用の実包を改良したものであり、本銃からは同実包を撃つことも可能であった。

銃本体における三十年式からの大きな改良点としては、機関部全体を覆う防塵用のカバーの追加である。中国大陸での使用を想定して設計されたため、大陸での砂嵐によるよる機関部へのダメージ、そして

満州事変（1931年－1933年）にて、軍旗を護衛する大日本帝国陸軍歩兵連隊の軍旗衛兵が三八式歩兵銃を装備している。

それが原因となる作動不良を防ぐためのアイデアであった。しかしながら、太平洋戦線で頻発したジャングルなどでの入り組んだ場所における戦闘では、初速を稼ぐための長くて重い銃身が負担となってしまうこともあった。だが、本銃の持つ高い威力と命中精度は高く評価され、戦後に連合軍の銃器関係者から、戦時下に本銃から後継の「九九式小銃」へ主力銃が変更されたことを不思議がられたという逸話もある。

こういった経緯もあり、戦後アメリカに持ち帰られた本銃の中には競技射撃用に改造されたものもあり、現在も人気を博しているという。

“西部を征服した銃”としてあまりにも有名

ウインチェスター M73

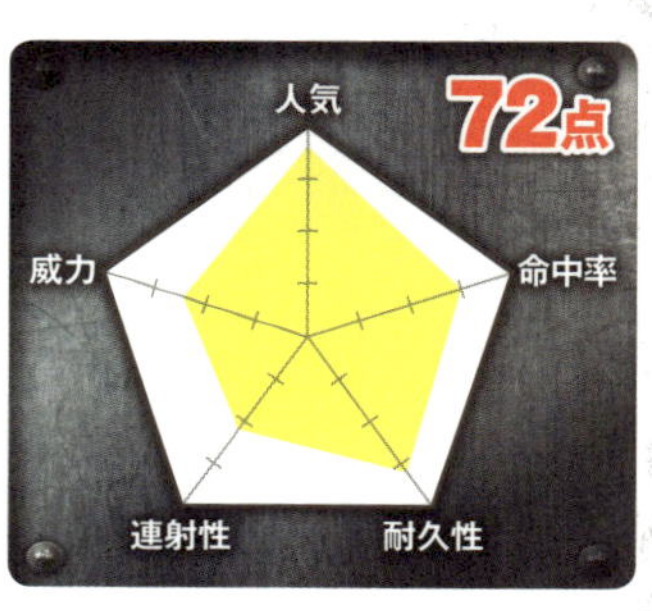

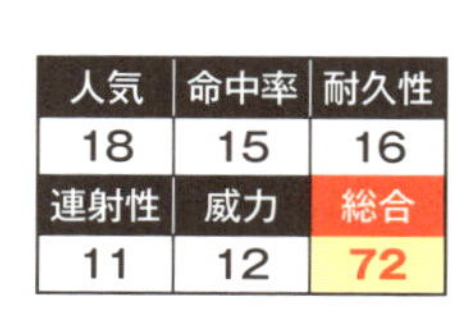

人気	命中率	耐久性
18	15	16
連射性	威力	総合
11	12	72

レバーアクション式ライフルの代名詞

アメリカのウインチェスター社が1866年に開発したレバーアクション式ライフル「M1886」の改良版として登場したのが本銃であり、〝西部を征服した銃〟として大ヒット商品となった。

ライフル銃の新たな歴史を作ったウインチェスター社は一気にその名をアメリカに轟かせ、本銃は1873年から1942年までの間におおよそ70万丁以上も生産されたという。

レバーアクション式とは、連発式ライフルのメカニズムとして最も早い時期に成功したもののひとつで、トリガーを囲むように配された楕円(だえん)形のレバーを銃の下方に回転さ

SPECIFICATIONS

全長	1,252mm	重量	4,300g
装弾数	15発	使用弾薬	.44-40
発売年	1873年	製造国	アメリカ

せ、元の位置に戻すことで排莢と装填が行われる仕組みとなっている。

熟練すればかなりのスピードで弾を次々と発射することが可能である。だが軍用銃としては繊細で複雑な機構を持ち、強力な弾を撃つことができないという理由から制式採用には至らなかった。本銃の主な購入者は民間層であり、馬上で生活するカウボーイたちである。簡単な操作で次々に射撃が行える上に拳銃弾を撃つライフルということで、拳銃と弾薬を共有できる利点から熱烈な支持を受けた。

1950年には、本銃の名前をそのままタイトルにした『ウィンチェスター銃'73』なる西部劇映画が制作され、こちらもヒット作となっている。

幕末の日本にも輸入されたレバーアクション式ライフル

スペンサーカービン

人気	命中率	耐久性
18	14	16
連射性	威力	総合
10	11	69

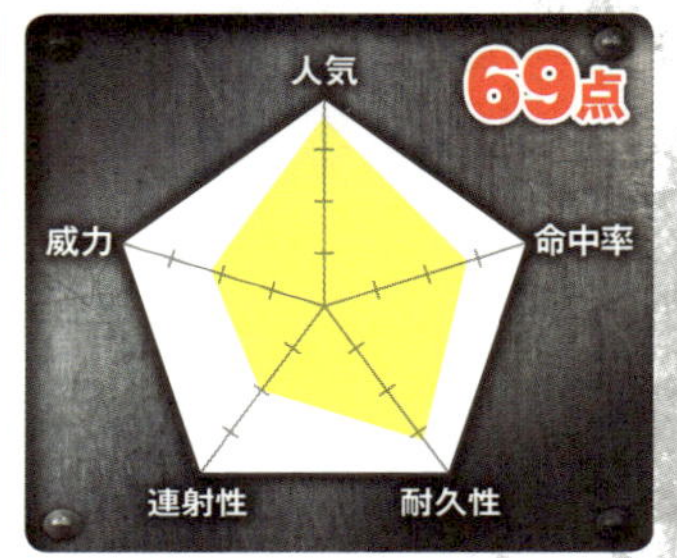

SPECIFICATIONS

全長	940mm	重量	3,700g
装弾数	7発	使用弾薬	56-56スペンサー・リムファイア
発売年	1860年	製造国	アメリカ

南北戦争を経て世界各地に広がった

機械技師のクリストファー・スペンサーが手がけた、レバーアクション式ライフルの先駆的モデル。弾はストック内部に縦一列になって7発が収納でき、レバー操作とは別に手動でハンマーを起こす必要がある。南北戦争期、時のリンカーン大統領の後押しと開発者直々の売り込みにより北軍が多数購入。最終的には約20万丁が生産されたという。戦後は、1870年に始まった普仏戦争（プロイセン王国とフランス間で行われた戦争）で使用された。また、幕末期の日本にも輸入され、幕府歩兵隊や佐賀藩、黒羽藩が購入・装備したが多くは使用されなかった。

第3章

サブマシンガン編

SUBMACHINEGUN

コンパクトで携行しやすいサブマシンガン（短機関銃）は、連射して弾幕を張ることはもちろん、特殊部隊や警察の近距離戦闘においても有効となる。近年ではPDW（個人防衛火器）なる新ジャンルも登場した。

“PDW(個人防衛火器)”という新ジャンルの代表格

1位

FN P90

95点

人気	命中率	耐久性
20	19	19
連射性	威力	総合
18	19	95

SPECIFICATIONS

全長	500mm	重量	2,500g
装弾数	50発	使用弾薬	5.7mm×28
発売年	1991年	製造国	ベルギー

独特の装填機構を備えた新世代銃

ベルギーのFN社が開発したPDW(個人防衛火器)という新カテゴリーの銃で、その性能や特色ゆえサブマシンガンの一種としてジャンル分けされることもある新世代の銃である。

1980年代後半より進められた、通常のサブマシンガンとは違い拳銃弾ではなく小型化したライフル弾のような専用弾を使用する、小型火器開発計画のもとで誕生した。

開発当初は軍の後方部隊の火力向上がコンセプトであったが、対テロ戦の増加により近距離戦に有利な高い威力と携行性を兼ね備えた特殊部隊用火器としての位置づけになってきている。また、PDW

キプロス共和国の商業港湾都市、ラルナカで開催されたパレードの警備に当たる同国の国家警備隊員が装備するFN P90。

の最大の特徴ともいえるボディーアーマーを貫通する強力な専用弾を50発も装填できる本銃は、かつてない斬新な装填機構を採用している。従来の銃器なら薬室に対して上下または左右に、直角にマガジンが配されていたが、本銃は本体上面に平行するかたちで装着。弾が銃後部で90度回転して上から装填されるという独特の機構となっている。また、射撃時に排莢される空薬莢は側面でなく真下に排出されるので、状況に応じて左右に構え直すことも可能だ。

同社はのちに本銃と同じ5・7㎜×28弾を使用する拳銃「FNファイブセブン」(※P10参照)を開発。公的機関向けにセットでの需要を狙った。

反動吸収システムを採用したサブマシンガン

クリス・ヴェクター

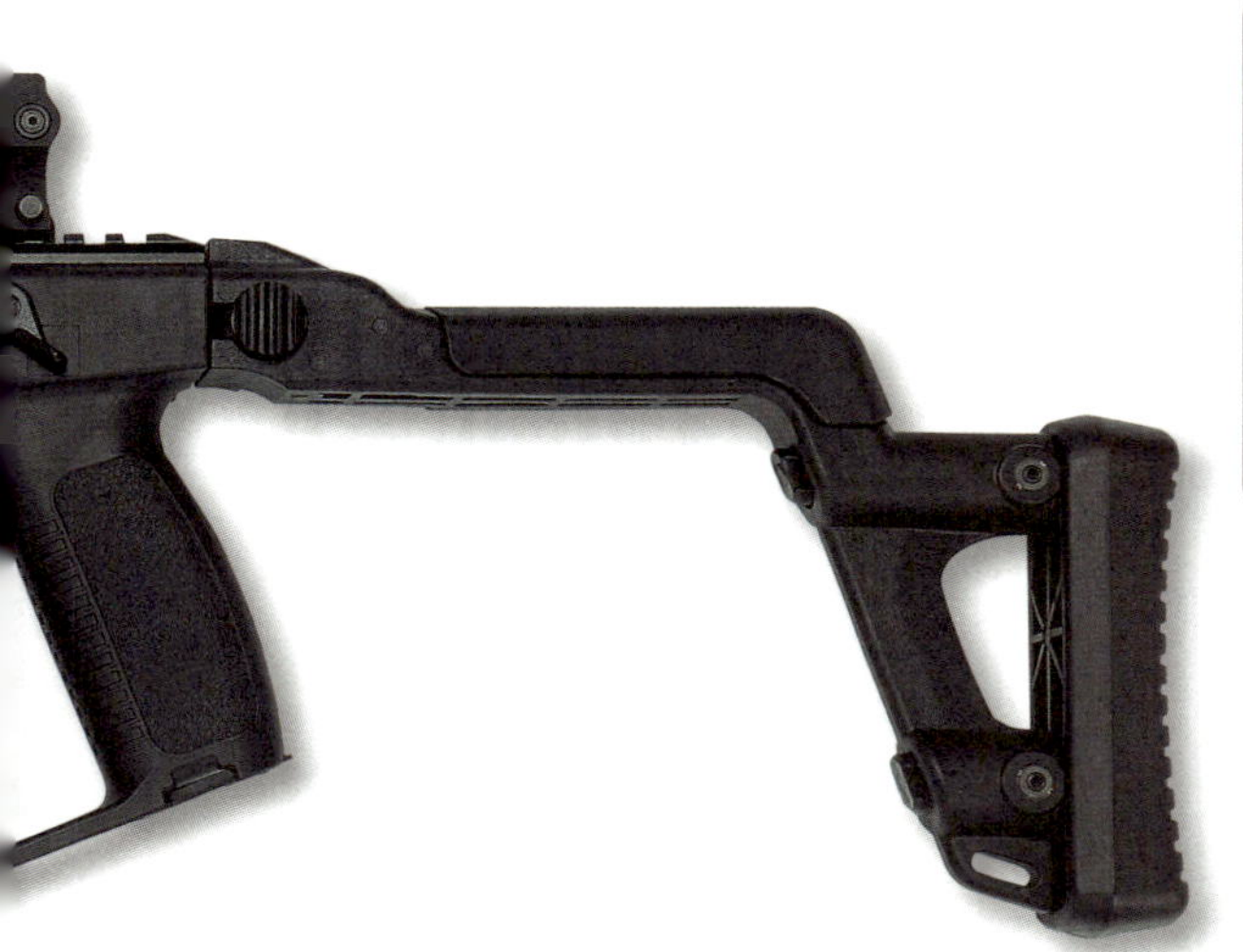

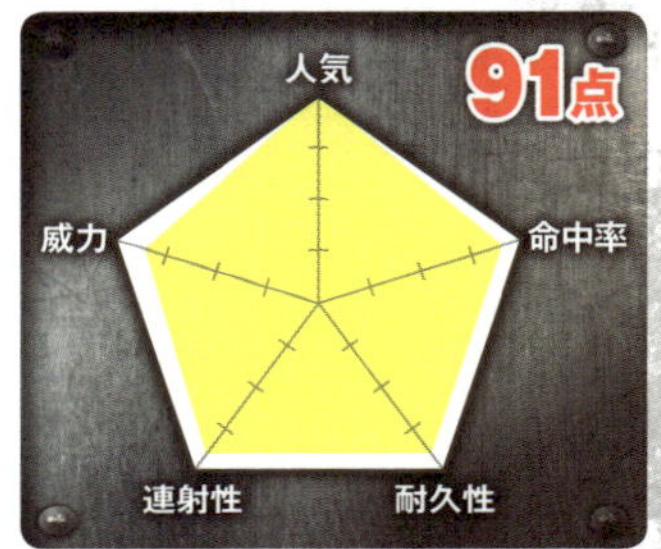

人気	命中率	耐久性
20	18	18
連射性	威力	総合
18	17	91

SPECIFICATIONS

全長	406mm/617mm	重量	2,500g
装弾数	13/17/30発	使用弾薬	.45ACP
発売年	2006年	製造国	アメリカ

強烈なインパクトを残す近未来的デザイン

アメリカの銃器メーカー、クリス社（旧TDI社）主導のもと官民共同で開発された次世代型サブマシンガン。威力の高い.45ACP弾仕様だが、反動軽減システム採用で扱いやすい。

架空の近未来銃を思わせる斬新なデザインは一度見たら忘れられないくらいのインパクトがあり、近年のハリウッド産アクション映画やSF映画に登場する機会も多い銃である。

アメリカ軍の現在の制式拳銃弾は9㎜パラベラム弾であるが、以前採用されていた.45ACP弾の「マン・ストッピング・パワー（敵を瞬時に打ち倒し行動不能にする能

グアムのシューティングレンジにて。ロングバレルを搭載した民間向けモデルとなる、クリス・ヴェクターCRBジェネレーション2。写真：G.O.S.R.

力」を評価する動きも強く、特に海兵隊や特殊部隊では再評価が高まっていた。その状況下において、軍は・45ACP弾を使用する新型サブマシンガンの開発計画をスタート。同時に威力の高い同弾が抱える反動の強さを軽減させる課題を解決すべく動き出した。その結果、クリス社とピカティーニ造兵廠が共同開発した「クリス・スーパーV」なる反動軽減システムを本銃に採用することを決定したのだ。

このシステムにより、銃口の跳ね上がりと反動が著しく軽減され、反動が強い・45ACP弾を毎分1100〜1500発という高発射速度で撃ってもコントロール可能な本銃が誕生した。

堅牢性と軽量化を実現したサブマシンガン

H&K UMP.45

89点

人気
命中率
耐久性
連射性
威力

人気	命中率	耐久性
18	18	18
連射性	**威力**	**総合**
17	18	89

特殊部隊での使用を意識した設計

H&K社が自社の大ヒット作である「MP5」（※P116参照）よりシンプルで安価なサブマシンガンを目指して開発。ポリマー素材を採用し、同クラスのサブマシンガンの中でも屈指の軽量さを誇る。

名称のUMPは「Universale Maschinenpistole（ドイツ語で汎用短機関銃の意）」の略。信頼性と拡張性に重きを置いた設計で、堅牢性と取り回しの良さに定評がある。

特殊部隊の標準装備として普及したMP5の数少ないネックはその高価さであり、H&K社は次の市場として同銃を装備できない国向けの廉価なサブマシンガンとして新

CBP（アメリカ合衆国税関・国境取締局）の捜査官たちが装備しているのが、光学照準器を装着したH&K UMPである。

SPECIFICATIONS

全長	450/690mm	重量	2,500g
装弾数	25発	使用弾薬	.45ACP
発売年	1999年	製造国	ドイツ

モデル「MP2000」を開発。ところが、MP5の浸透ぶりは予想以上であり、新モデルは格下の代用品との烙印を押され生産中止に追い込まれてしまう。その頃、アメリカ軍内では強力な・45ACP弾の評価が再び高まっており、同弾を使用できる手頃なサブマシンガンを所望していた。そこで同社はMP2000をベースに、ポリマーフレームを採用することで軽量化を実現し、汚水場での錆の心配もなく、汚れにも強いなど特殊部隊向けのスペックをふんだんに盛り込んだ本銃を完成させた。

本国ドイツの国境警備隊をはじめ、マレーシア海上法令執行庁、タイの王立海軍特戦隊など世界各国で採用されている。

フランスが戦後に開発したサブマシンガン

MAT M49

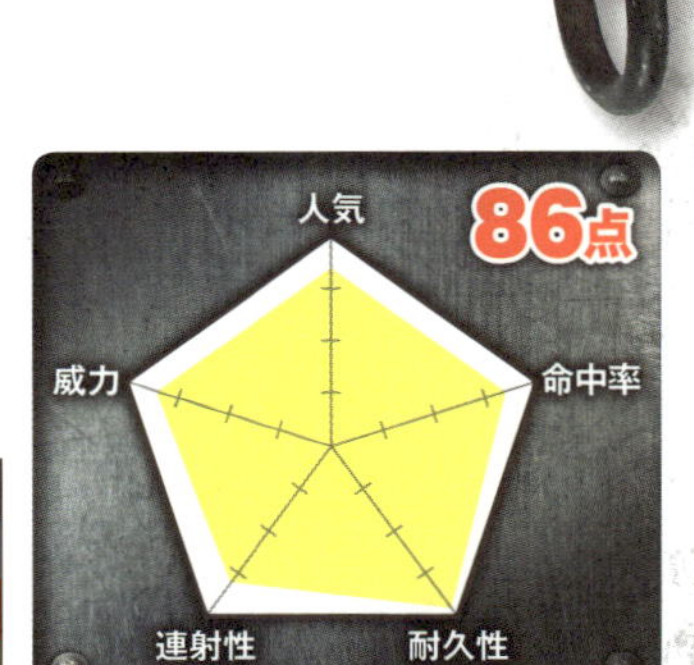

人気	命中率	耐久性
17	17	19
連射性	威力	総合
16	17	86

単純な構造で大量生産が可能

第二次世界大戦後の1949年、フランス陸軍で制式採用されたサブマシンガン。使用弾薬は戦前のフランス軍制式弾7・65㎜MAS弾ではなく、9㎜パラベラム弾となっている。

「MAT」は製造元であるフランスの政府造兵廠「マニュファクチュール・ナショナール・ダルム・ド・テュール(Manufacture Nationale d'Armes de Tulle)」の略である。

終戦直後、軍事力復興を急務とするフランス陸軍は構造が単純で大量生産が可能な主力火器の製造を同社に要請した。その課題をクリアすべく製造にプレス加工を多用する

SPECIFICATIONS

全長	465/705mm	重量	3,700g
装弾数	32発	使用弾薬	9mm×19
発売年	1949年	製造国	フランス

射撃時の持ち手も兼ねたマガジン装着部を前方に折りたたんだ状態のM49。これで輸送機や輸送車両内でも邪魔にならずに携行できる。

ことを決定。そのことにより、部品点数が少なくメンテナンスも容易で故障頻度の軽減を実現する新型サブマシンガンが誕生したのだ。作動方式も極めてシンプルでフルオート射撃のみが可能。安全装置もグリップを握り込むタイプのもののみであった。ストックはワイヤーを加工した伸縮式のものを採用。銃本体前方に配されたマガジン装着部は射撃時の持ち手を兼ねており、この部分を前方に折りたたむことで全体的にコンパクト化できるよう設計されているのも大きな特徴である。

これは航空機や装甲兵員輸送車の狭い内部に乗り込むパラシュート兵や機甲歩兵が使いやすいようにとの配慮によるものだ。

強力な特殊弾4.6mm×30弾を撃つPDW

5位

H&K MP7

人気	命中率	耐久性
19	16	17
連射性	威力	総合
17	16	85

85点

人気
命中率
耐久性
連射性
威力

FN社のP90に対抗して開発された

H&K社が新カテゴリーのPDW（個人防衛火器）に挑戦すべく開発した意欲作。ただし同社ではサブマシンガンとして扱っており、「MP（Maschinenpistole：短機関銃）」の冠が付いている。

ベルギーのFN社が開発したPDWの先駆的モデル「P90」（※P106参照）に対抗すべく開発されたが、後発モデルとなる本銃はさらなる小型化と操作性の向上を実現している。

またP90と同様にPDW最大の特徴である、拳銃弾より強力な新型の弾薬を採用。イギリスのロイヤル・オードナンス・ファクトリーズが開発

2016年6月。ドイツのホーエンフェルスで行われた同国連邦陸軍の演習において、各種機器を装着したH&K MP7を装備する第4落下傘中隊員。

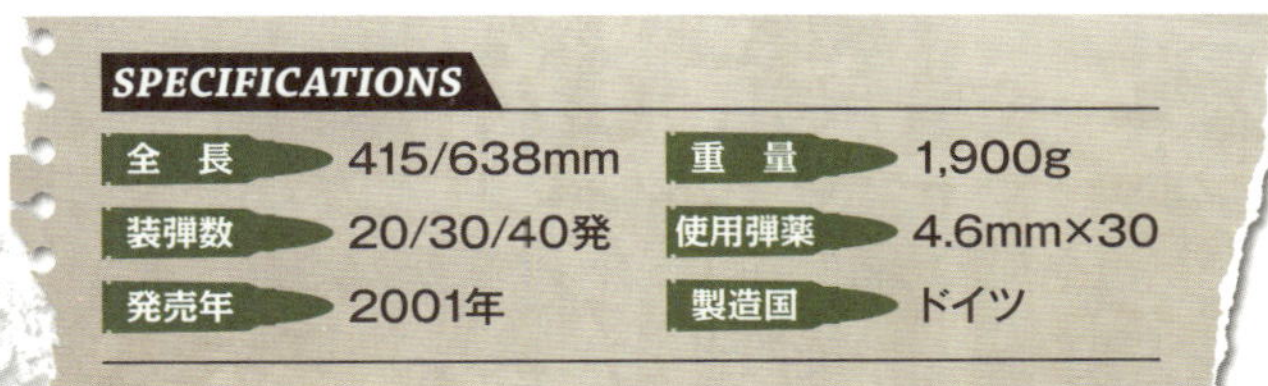

SPECIFICATIONS

全長	415/638mm	重量	1,900g
装弾数	20/30/40発	使用弾薬	4.6mm×30
発売年	2001年	製造国	ドイツ

した4・6㎜×30弾がそれである。この弾薬はH&K社の自動小銃「G11」に採用された4・7㎜×33弾の開発データをベースにしており、プレスリリースによるとP90の5・7㎜×28弾より強力とのこと。本銃のデザイン自体はさほど斬新さはなく従来のサブマシンガンの形体を踏襲したものであるが、これは従来型の銃器で訓練を受けた射手が戸惑うことなく使用できるようにとの配慮だといわれている。グリップの下からマガジンを装填するシステムも、自動拳銃やサブマシンガンではお馴染みのものである。

2000年にドイツ連邦軍で試験的に運用された後、改良モデルとなる「MP7A1」が同軍に制式採用された。

世界的シェアを誇る高性能サブマシンガン

H&K MP5

人気	命中率	耐久性
18	18	17
連射性	威力	総合
16	15	84

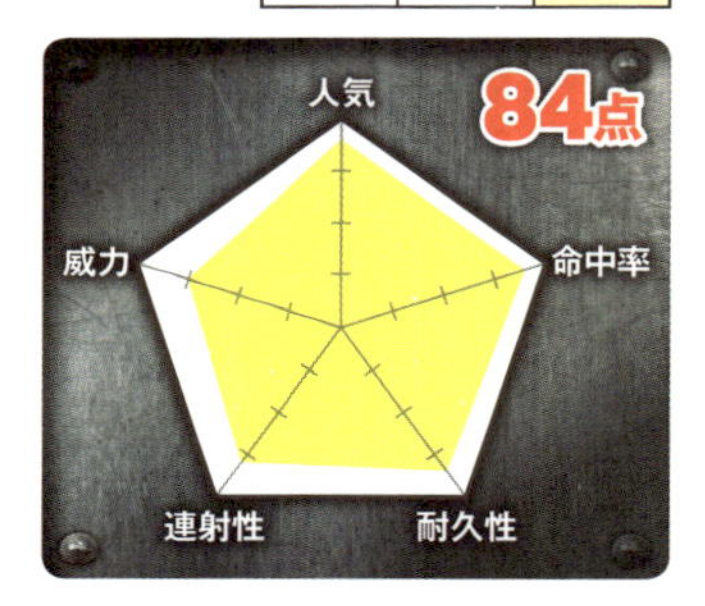

MP5A3のアメリカ海軍向けモデル「MP5N」を手にするネイビーシールズ隊員。マガジンは複数連結仕様に改造されている。

サブマシンガンの新境地を拓いた傑作

1960年代にH&K社で開発、1964年より生産が開始された近代的サブマシンガンの傑作。生産開始から50年以上経過した現在でも軍や警察特殊部隊用として最高の評価を受けている。

本銃の打倒を目標に数多くの銃器が開発されたが、その圧倒的なシェアを切り崩すような製品はいまだ登場していない。まさにサブマシンガンの新境地を開拓した一丁といえよう。

それはひとえに本銃がそれまで存在したものとは全く異なるメカニズムのサブマシンガンであったからである。汎用機関銃や自動小銃に採用されていた「ローラーロッキング」と呼ばれる自動装填機構

SPECIFICATIONS

全長	550/700mm	重量	2,500g
装弾数	15/30発	使用弾薬	9mm×19
発売年	1964年	製造国	ドイツ

を取り入れることで、スムースな作動と安定した命中精度の実現に成功したのだ。ただその反面、複雑な機構ゆえに製造および修理にかかるコストも高価であった。本来であれば、サブマシンガンとは安価で大量生産が可能な軍用銃という位置づけであり、高性能で高価なMP5はその価値を理解されづらい銃として発表当初は苦汁を飲んだ。しかし、対テロ作戦や人質救出など、瞬間的な火力と精密な射撃が必要とされる現場でその評価は一気に高まった。

バリエーションも短小型はもちろんのこと、サプレッサー装備型やアタッシュケース変装型など数多く製造されており、本銃の活躍はまだまだ続くことだろう。

イスラエルが生んだコンパクトサブマシンガンの名作

7位

UZI

人気	命中率	耐久性
16	16	18
連射性	威力	総合
17	16	83

イスラエル初の国産兵器として登場

1950年、当時建国間もないイスラエルにおいて同国軍の陸軍技術少佐であるウジエル・ガルが開発したコンパクトタイプのサブマシンガン。翌年よりIMI社で生産が開始された。

本銃は、チェコスロバキア（当時）の銃器技師であるコヴキィ兄弟が設計した試作サブマシンガン「ZK476」を参考にしたうえで、1940年代後半より開発が進められたといわれている。

その誕生の陰には当時、工業国としてまだ三流とされ、周囲を敵対するアラブ諸国に囲まれたイスラエルの軍需工業振興という、切実な願いがあった。そこで貧弱な工業基

UZIを手にしたナイジェリア軍落下傘連隊員。優れた操作性とコンパクトさで空挺隊や特殊部隊でも多く使用された。

SPECIFICATIONS

全長	470/640mm	重量	3,500g
装弾数	20/32/40発	使用弾薬	9mm×19
発売年	1950年	製造国	イスラエル

盤の中、比較的単純な構造で部品点数を少なくし、プレス加工を多用した設計で堅牢かつ生産も容易なサブマシンガンを作り上げたのだ。重量は重めだが安定したフルオート射撃で操作性も良く、総合評価も高いものとなった。本銃は本国イスラエルの国防軍に採用された後、アメリカをはじめとする西側諸国でも高い評価を受け広まっていった。1981年のレーガン大統領暗殺未遂事件では、シークレットサービスのエージェントが本銃を携行していたのが確認されている。

後年には、小型化したミニUZI、それをさらに小型化したマイクロUZIが製造されており、後者はアメリカのストリートギャングに多用された。

“グリースガン”と呼ばれた無骨なサブマシンガン

M3サブマシンガン

人気	命中率	耐久性
15	15	18
連射性	威力	総合
14	16	78

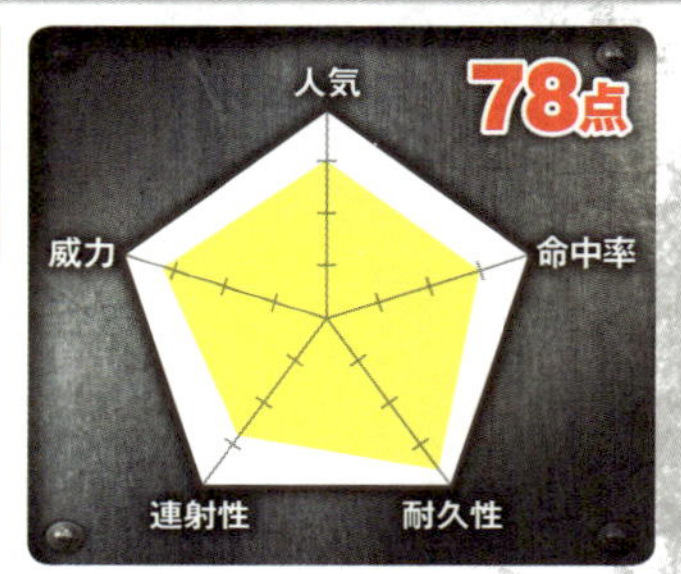

SPECIFICATIONS

項目	値	項目	値
全長	570/745mm	重量	3,600g
装弾数	30発	使用弾薬	.45ACP
発売年	1942年	製造国	アメリカ

チープな風貌ながら確かな性能と信頼性を誇る

第二次世界大戦中の1942年にゼネラルモーターズが開発し、同年にアメリカ軍に制式採用されたサブマシンガン。生産性の高さを最優先に設計・開発されたが、その性能は高く評価された。

その形状が工業機械に潤滑油をさす道具に似ていることから「グリースガン」と呼ばれるが、他にも「ケーキデコレーター」、生産地から「デトロイト・サブマシンガン」の呼称がある。

大戦初期にアメリカ軍の制式サブマシンガンとして採用されていた「トンプソン」(※P124参照)は性能自体は申し分ないものだったが、切削加工が多用されるなど生産

フィリピン海軍特殊作戦チームの海上訓練風景。中央の赤いポロシャツのアメリカ軍人と左隣のフィリピン軍兵士がM3を使用しているのが確認できる。

性が良いとはいえなかった。そこでより多くのサブマシンガンを求める現場の声に応えるかたちで、簡単なプレス加工と溶接作業だけで製造可能な本銃を開発したのだ。鉄板をプレスして本体の左右を形成し、それらをモナカのように溶接することで本体が完成。排莢口の蓋が安全装置を兼ねており、蓋を開ければ発射可能となるなど、省力化が徹底されている。また、厳しい戦場環境でも確実に作動し、少々雑に扱っても作動に支障がないため、兵士からの信頼も非常に高かった。

朝鮮戦争やベトナム戦争でも重宝されるなど活躍を続け、チープで無骨な風貌ながらドラマなどにも多く登場し人気を得た。

"シュマイザー"の名で知られるドイツ製サブマシンガン

MP40

人気	命中率	耐久性
15	15	17
連射性	威力	総合
15	15	77

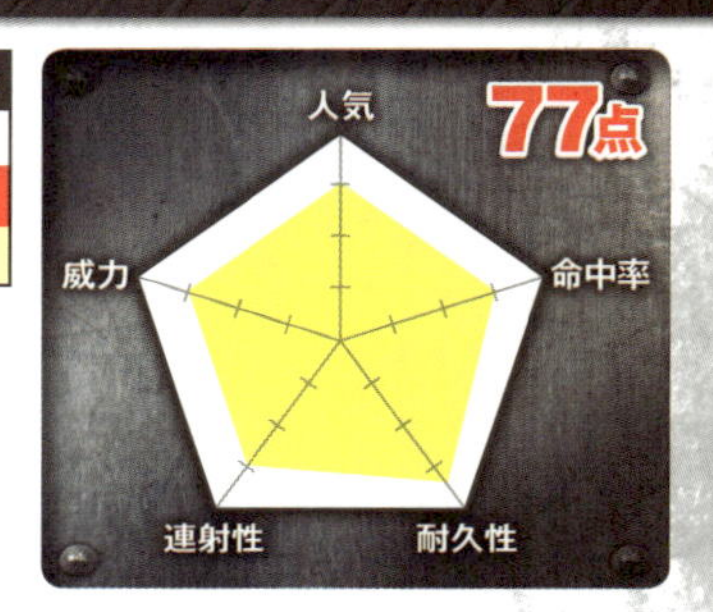

複雑なプレス成形は芸術的といえる

ドイツのエルマ・ベルケ社が同国軍兵器局からの要請で、1938年に開発した「MP38」の改良版。それまでサブマシンガンはストックなどに木材を使用していたが、本銃は剛材とわずかなプラスチックのみで作られた世界初の例となった。プレス加工された鉄板やパイプが組み合わさった構造となるが、製造工程には複雑で精密な部分が多い。高い信頼性と優れた性能で、本銃を鹵獲した連合軍将兵も好んで使用したといわれている。実際には本銃と無関係なドイツの銃器技師ヒューゴ・シュマイザーが開発に関与したとの誤報が広まったため、〝シュマイザー〟なる呼称が生まれた。

1960年。アメリカ陸軍が北ベトナム軍から鹵獲したサブマシンガンの数々を撮影したもの。中段にあるのがMP40である。

SPECIFICATIONS

全長	630/833mm	重量	4,000g
装弾数	32発	使用弾薬	9mm×19
発売年	1940年	製造国	ドイツ

アメリカが誇る世界で最も有名な名作サブマシンガン

10位

トンプソンM1A1

人気	命中率	耐久性
17	14	15
連射性	威力	総合
12	18	76

写真は東京マルイ製のトイガンです。

ギャングから兵士までが愛用した〝トミーガン〟

アメリカのオートオードナンス社が開発した「M1919」は、初めて〝サブマシンガン〟という呼称が用いられた銃であり、同社の創設者の名から「トンプソン・サブマシンガン」と呼ばれた。

最初に量産されたモデル「M1921」は、アメリカ禁酒法時代に警察とギャング双方が使用し、その高い性能と生産性の良さに注目が集まり一気にその名を世間に知らしめた。

そして、第二次世界大戦中に戦時省力生産モデルとして登場したのがこの「M1A1」である。軍用サブマシンガンとしてアメリカ軍向けに改良された「M1928A1」の作

1945年5月。沖縄戦で戦うアメリカ海兵隊第2大隊の兵士。BARライフルを装備する兵士（右）と、トンプソンM1A1を発砲する兵士（左）。

SPECIFICATIONS

全長	851mm	重量	4,900g
装弾数	20/30/50/100発	使用弾薬	.45ACP
発売年	1938年	製造国	アメリカ

動機構を変更、部品を何点か省略して簡素化し、生産性、操作性の向上を図った造りとなっている。初代が開発されたのが1919年ということもあり、基本設計自体はやや時代遅れではあるものの、堅牢で信頼性の高い本銃は大戦中も連合軍の頼もしい味方として活躍した。なお、トンプソン・サブマシンガンは〝トミーガン〟という愛称でも知られている。これは「M1928」採用国のうちのひとつであるイギリスの同国軍兵士を指す俗語〝トミー〟が由来となっている。

アメリカ軍で最も多く使用され、ドラマや映画にも数多く登場した世界で最も有名なサブマシンガンである。

100連発も可能な異形のサブマシンガン

11位

キャリコM950

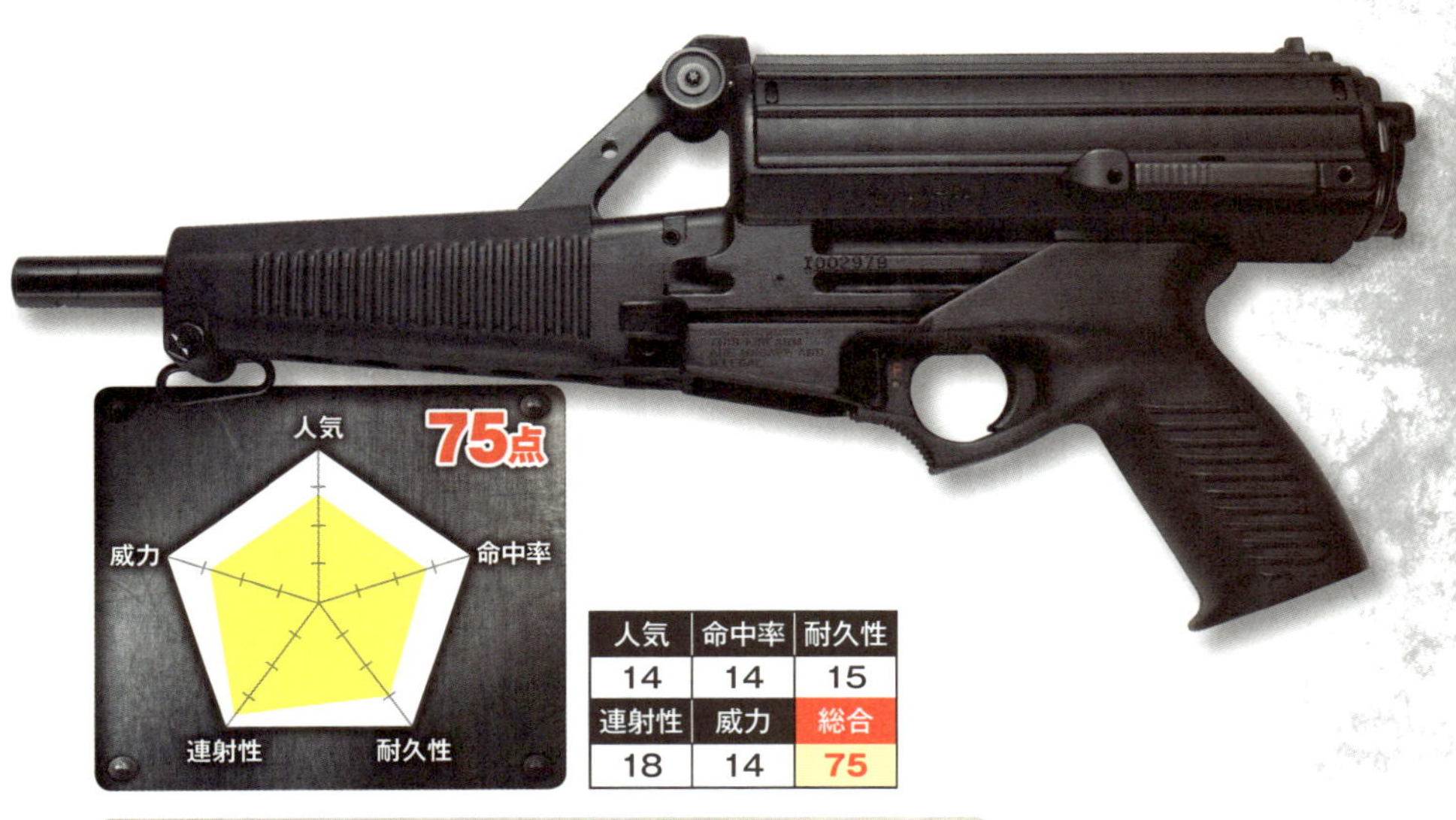

人気
威力
命中率
連射性
耐久性
75点

人気	命中率	耐久性
14	14	15
連射性	威力	総合
18	14	75

SPECIFICATIONS

全長	400mm	重量	1,500g
装弾数	50/100発	使用弾薬	9mm×19
発売年	1986年	製造国	アメリカ

常識を覆した驚異の多弾数マガジン

アメリカのキャリコ社が1986年に開発した自動小銃「M100」の短縮バージョン。バレルを短くし、ストックを省略。使用弾薬も22口径から9㎜×19弾に変更された。銃本体後部にある円筒形のマガジンの中に螺旋(らせん)を描くようにして小さい弾を大量に装填し、次々に発射するシステムとなる。本銃は装弾数50発となるが、コンバットモデルでは「M100」同様100発の装弾が可能だ。しかし、アメリカの銃規制により民間用の銃器には11発以上の装弾数を持つマガジンの使用が不可となり、本銃最大のセールスポイントを生かすことができなくなってしまった。

小型軽量で圧倒的な連射速度を誇る“Mac10”

イングラムM10

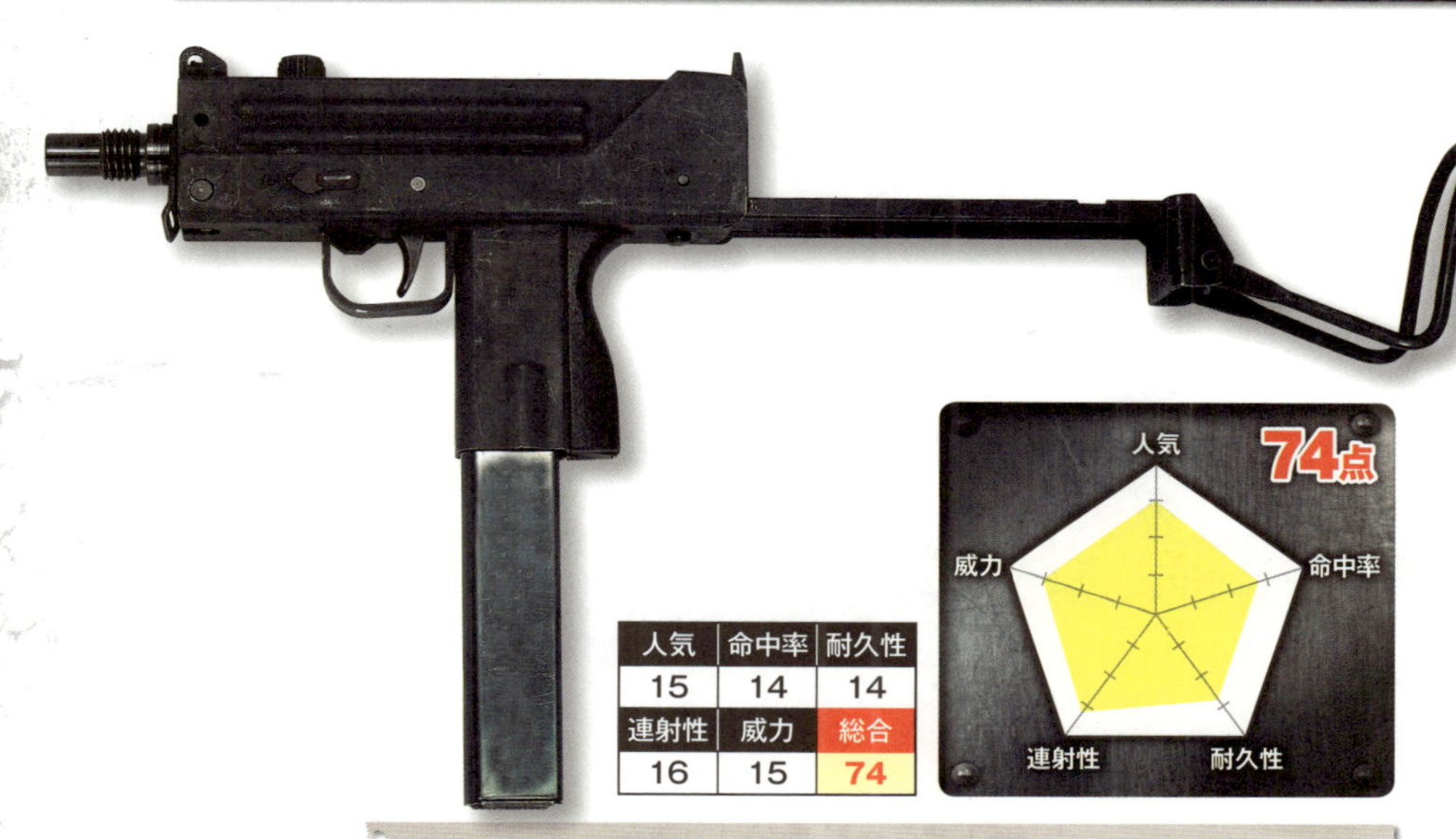

人気	命中率	耐久性
15	14	14
連射性	威力	総合
16	15	74

SPECIFICATIONS

全長	296/548mm	重量	2,800g
装弾数	32発	使用弾薬	9mm×19、.45ACP
発売年	1970年	製造国	アメリカ

専用サプレッサー付きの特殊仕様モデルも

1964年、アメリカの銃器設計者ゴードン・イングラムが今までにない小型軽量なサブマシンガンとして設計したのが本銃である。生産と販売を手がけるMilitary Armament Corporation（ミリタリー・アーマメント・コーポレーション）の頭文字にちなんで〝Mac10（マックテン）〟とも呼ばれる。小型軽量で、毎分1000発という圧倒的な連射速度を誇るといわれ、大きな筒状の専用サプレッサー（減音器）を付属したモデルがアメリカ軍特殊部隊をはじめ、FBIやCIAなどで限定的に採用された。後年には小型モデルである「M11」も製造されている。

大戦中にイギリス軍が製造した簡易サブマシンガン

13位

ステンマークⅡ

人気	命中率	耐久性
15	14	16
連射性	威力	総合
13	14	72

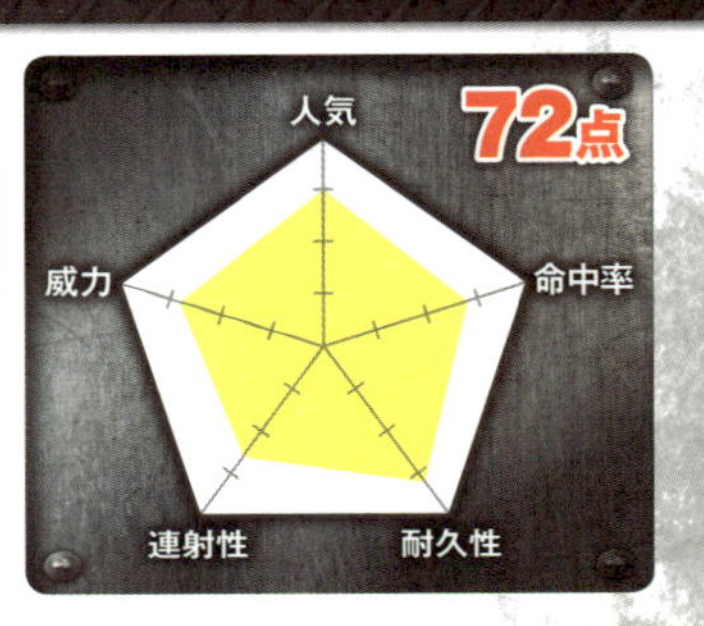

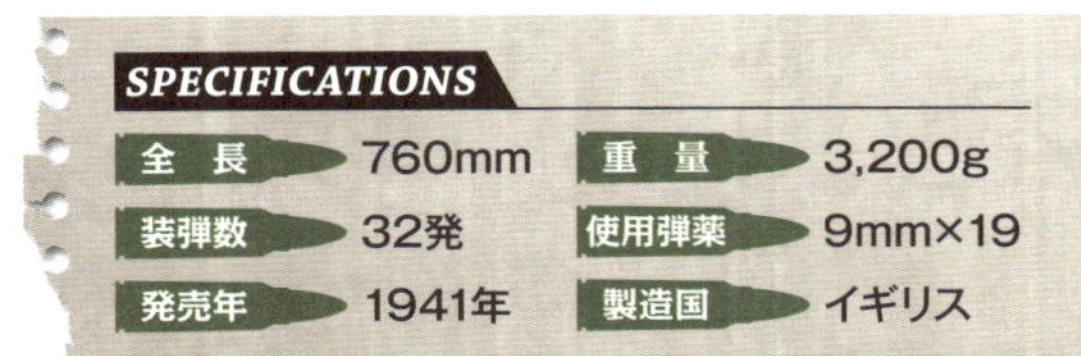

SPECIFICATIONS

全長	760mm	重量	3,200g
装弾数	32発	使用弾薬	9mm×19
発売年	1941年	製造国	イギリス

性能は高くないが生産性の高さは抜群

第二次世界大戦中のイギリスで火力不足を補うべく急遽製造されたサブマシンガン。ドイツの侵攻で痛手を負い、装備を失ったイギリス・フランス連合軍の戦力を一刻も早く回復させるために安価で大量生産できる本銃が誕生した。木製ストックなどを備えた「ステンマークⅠ」をさらに徹底して簡素化、結果「マークⅡ」は、鉄パイプにトリガーと持ち手を付けただけのようなデザインとなった。

そんな急ごしらえのお粗末な銃ではあったが、生産性の高さは抜群で、瞬く間に火力不足を解消。同大戦でイギリスを勝利に導いた兵器のひとつに数えられている。

“サソリ”の異名を持つチェコ製小型サブマシンガン

Vz61 スコーピオン

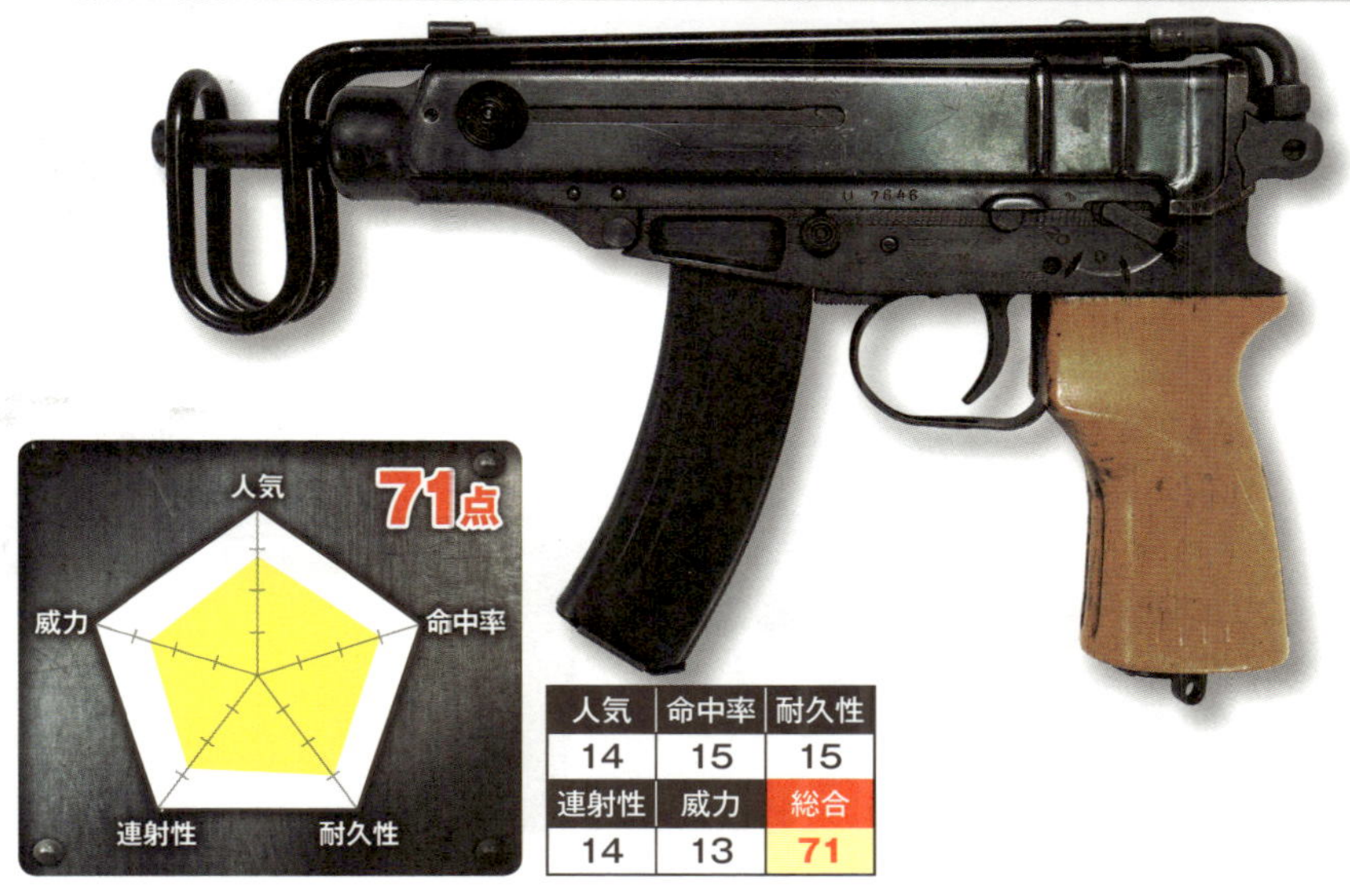

71点

人気	命中率	耐久性
14	15	15
連射性	威力	総合
14	13	71

SPECIFICATIONS

全長	270/517mm	重量	1,310g
装弾数	10/20/30発	使用弾薬	.32ACP
発売年	1961年	製造国	チェコ

フルオート射撃時のコントロール性は抜群

チェコスロバキアのチェスカー・ゾブヨロカ社が戦車兵や通信兵の護身用火器として開発したサブマシンガンで、1961年にチェコスロバキア軍で制式採用されている。ワイヤー製のストックを前方に持ち上げて折りたたむことができ、その様が尾を振り上げるサソリの姿に似ていることから「スコーピオン」の愛称が付けられた。使用する弾薬は拳銃弾としても威力はそれほど強くない.32ACP弾であるが、それ故に小型軽量ながらフルオート射撃時にも安定したコントロール性を保てるという強みを持つ。ソ連のKGBや特殊部隊スペツナズなどでも採用された。

大量生産されたソ連製サブマシンガン

15位

PPSh-41

人気	命中率	耐久性
13	12	17
連射性	威力	総合
13	13	68

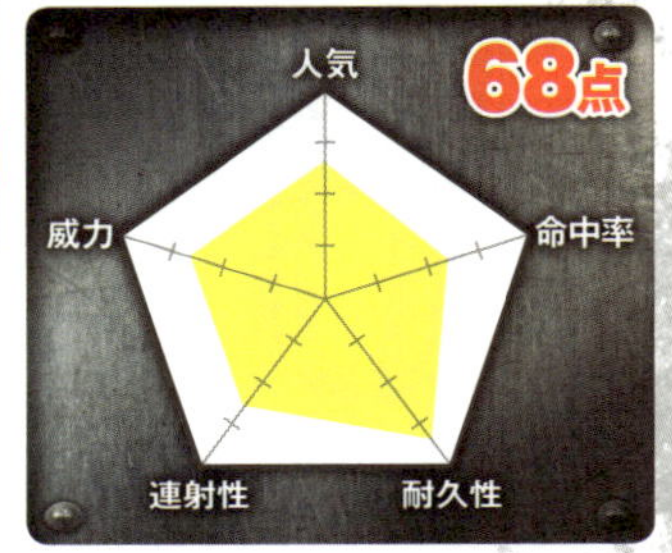

SPECIFICATIONS

全長	843mm	重量	3,600g
装弾数	35/71発	使用弾薬	7.62mm×25トカレフ
発売年	1941年	製造国	ソビエト連邦

〝バラライカ〟、〝マンダリン〟など様々な呼び名を持つ

第二次世界大戦中、ソ連の銃器技師ゲオルギー・シュパーギンが旧型である「PPD40」サブマシンガンを参考に設計・開発。主要部品をプレス加工とスポット溶接で製造して飛躍的に生産性が高まり、600万丁を超える数が生産されソ連の主力火器として重宝された。サブマシンガンとしては大きめで重いが、堅牢性は高くメンテナンスも容易であった。71発装弾可能な円形状のドラム型マガジンに、バレルの周囲を覆っている穴が開いた鉄板を折り曲げたカバーなど、特徴的な外観を持つ。そのため〝バラライカ〟や〝マンダリン〟などのあだ名が付けられた。

第4章

ショットガン編

SHOTGUN

ショットガン（散弾銃）は狩猟からスポーツ、そして警察の暴徒制圧、狭い空間での戦闘まで幅広く活用される銃だ。また、小さな散弾を複数発射するものから強力な単発弾、そして非致死性の特殊弾など弾種も多い。

モンスター級の自動式ショットガン

MPS AA-12

人気	命中率	耐久性
20	18	18
連射性	威力	総合
19	20	95

意外に軽量で反動も少ない

アメリカのMPS（Military Police Systems）社が製造を手がけるフルオートショットガン。世界的に見ても非常に珍しい、フルオート射撃が可能なショットガンとして注目を集めている。

その無骨で特異なフォルムも手伝って重量級の印象があるが軽量で、独自の機構を採用しているため発射時の反動も意外なほど少なく、女性でも扱いやすいと評判を呼んでいる。

本銃のベースとなっているのは、1972年に銃設計技師のマックスウェル・アッチソンが開発した「Atchisson Assault（アッチソン・アサルト）-12」である。その後、権利をMPS社が買い取り十

32連ドラム式マガジンを装着したAA-12を試射するアメリカ軍兵士。写真からもフルオートショットガンの迫力が伝わってくる。

SPECIFICATIONS

全長	966mm	重量	4,760g
装弾数	8/20/32発	使用弾薬	12ゲージ
発売年	2005年	製造国	アメリカ

数年にもわたる研究と改良・変更を行い、現在のモデルが完成。名称も新たに「Auto Assault（オート・アサルト）-12」となった。

散弾を連続で発射する際の強烈な反動や、それに耐えうるサイズや構造などが問題となり、難しいとされていたショットガンのフルオート化を見事に成功させた本銃。メンテナンスも容易で連射速度も高く、味方にすると頼もしいが、敵に回すととてつもなく恐ろしいモンスター級のパワーと破壊力を備えた存在である。

現在、無人防御システムや無人ヘリコプターへの搭載が確認されているが、2004年に本銃の評価試験を行ったアメリカ海兵隊には採用されていないようだ。

イタリアが誇る新機軸の軍用ショットガン

2位

SPAS12

人気	命中率	耐久性
19	19	18
連射性	威力	総合
16	20	92

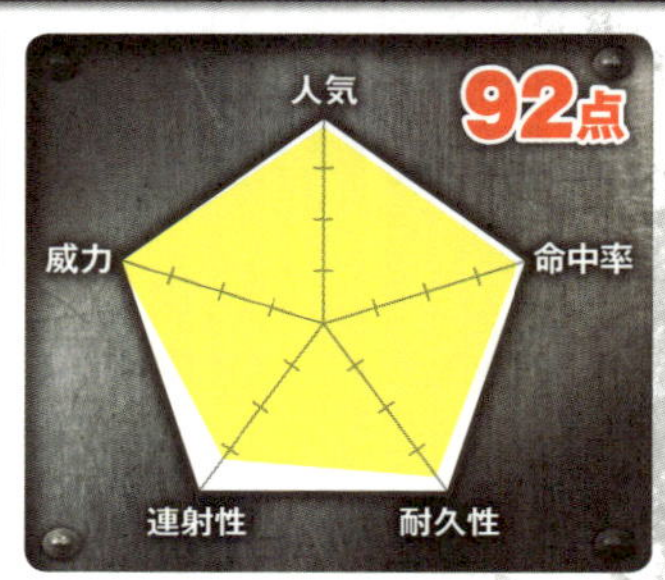

ワンタッチで発射機構の切替が可能

1970年代にヨーロッパ全土を襲ったテロの嵐に対処すべく、イタリア軍が同国屈指の銃器メーカーであるルイジ・フランキ社に開発を依頼した、軍用セミオートショットガン。

名称であるSPAS（スパス）は、「Special Purpose Automatic Shotgun（特殊用途向け自動式散弾銃）」の頭文字から取られている。

本銃は同社が民間市場向けに開発したショットガン「PG90」をベースに、セミオートのみでなくポンプアクション式（バレルの下に位置する筒状の握りを前後に動かして散弾の装填および空の実

金属製の折りたたみ式ストックモデル（上）と、樹脂製の固定式ストックモデル（下）。重量感溢れるフォルムがSPASの魅力である。

SPECIFICATIONS

全長	1,041mm	重量	4,400g
装弾数	6発	使用弾薬	12ゲージ
発売年	1979年	製造国	イタリア

包の排出を行う）に切り替えて射撃が可能な機構を採用している。セミオート射撃が困難な軍用の特殊装弾の使用や弾詰まりが命取りとなる現場において、ワンタッチで手動に切り替えられることは非常に大きな強みとなった。しかしマガジンの構造上、弾の装填に若干時間がかかるなどの欠点も指摘された。軍以外でもイタリアやフランスの対テロ機関で装備されたが、徐々に軍・法執行機関へのセールスが下降し2000年には生産中止となった。

以後は本国で民間用として好評を博したり、そのいかにも屈強でメカニカルなフォルムが受けて映画やゲームなどに数多く登場するなどメディア上で人気を獲得した。

高い連射速度を誇る軍用ショットガン

ベネリM4

人気	命中率	耐久性
18	19	18
連射性	威力	総合
16	19	90

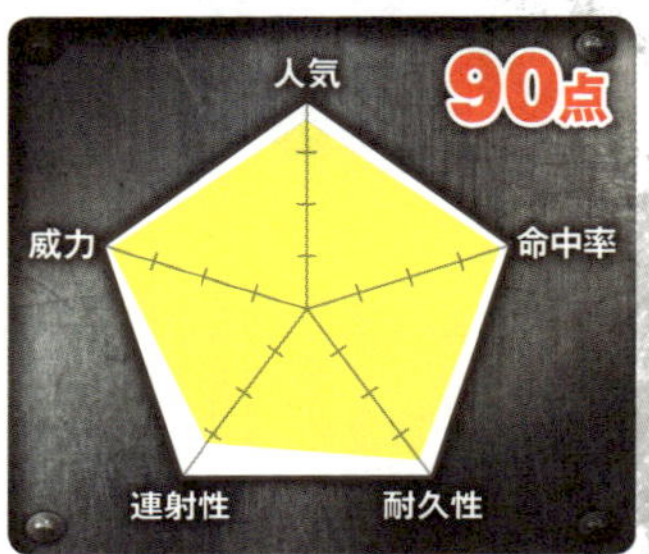

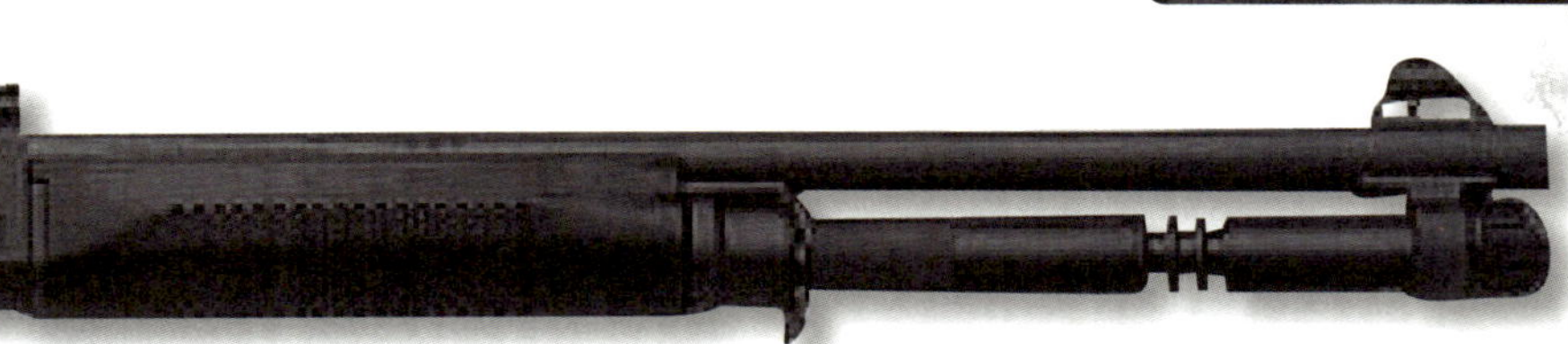

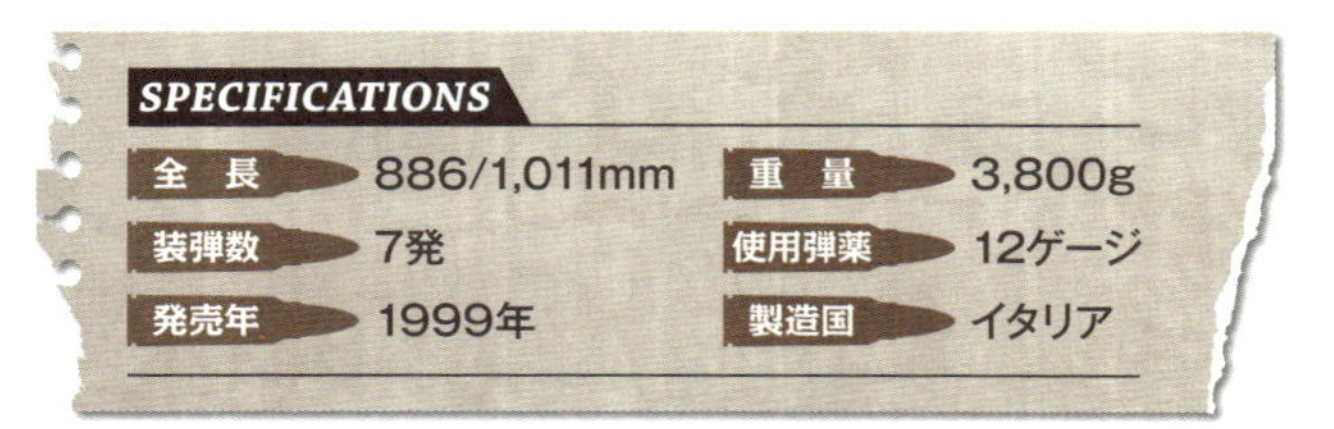

SPECIFICATIONS

全長	886/1,011mm	重量	3,800g
装弾数	7発	使用弾薬	12ゲージ
発売年	1999年	製造国	イタリア

アメリカ海兵隊が"M1014"として採用

1998年、アメリカ軍は信頼性の高いポンプアクション式に代わる軍用のセミオート式ショットガンへの要望を発表した。これに手を挙げたのがイタリアのベネリ社であった。

ベネリ社が開発した「M4」は競合他社のショットガンを抑えアメリカ軍の希望に見事に応えた。そして1999年、「M1014」の名称で海兵隊に2万丁が供給されたのだ。

本銃は前身モデルとなる「ベネリM3」で採用されていた、銃を発射した際の反動（慣性）を利用した「反動利用式」から、銃を発射した際に発生する燃焼ガスの圧力を利用した「ガス圧自動調節システム」へと変更。「M3」以前の複雑

「M1014」としてアメリカ海兵隊に制式採用されたベネリM4。写真は2006年、ジブチのアルタ州で射撃訓練中の海兵隊員。

なシステムを採用していたモデルより部品点数が減り手動機能も省かれた。そのことにより、反動を完全に受け止めないと作動しないという弱点も回避され、安定した作動をキープできるようになった。他にも伸縮可能な肩当て、照準器などを取り付け可能なレールなど、軍用や警察用として必要不可欠な機構が採用されている。まさに現代を戦うためのコンバットショットガンといっても過言ではない銃だ。

アメリカや本国イタリアの他にも、オーストラリア、スペイン、イギリス、スロベニア、台湾など多くの国の軍や警察、特殊部隊などでの採用が確認されている。

ポンプアクション式ショットガンの定番にして傑作

レミントンM870

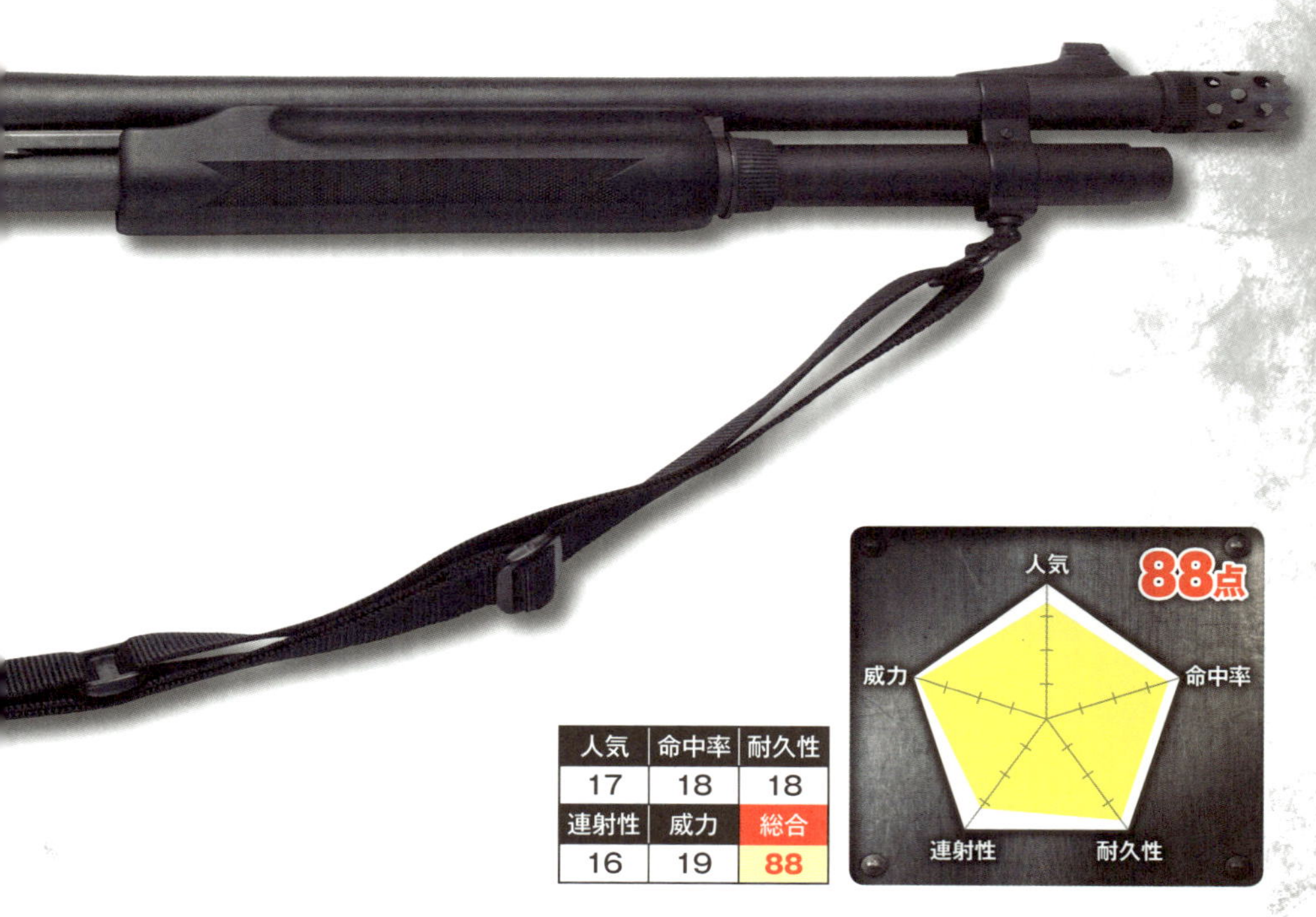

人気	命中率	耐久性
17	18	18
連射性	威力	総合
16	19	88

88点

人気 / 命中率 / 耐久性 / 連射性 / 威力

抜群の安定感でアメリカンポリス御用達

アメリカのレミントンアームズ社が1951年にリリースしたポンプアクション式ショットガン。前身モデルである「レミントンM31」の後を継ぐ傑作として高い人気を誇る。

狩猟、家庭防備から軍・警察まで幅広く使用され、アメリカンポリスのパトカーには暴徒制圧用として常備される、まさにアメリカを代表するショットガンといえよう。

特に警察用モデルは、銃身の長さが違うもの、ピストルグリップ仕様、ストックも木製の固定式、強化プラスチック製の固定式、金属製の折りたたみ式など、バリエーションが豊富である。また日本の海上自衛隊も使用した錆に強

トルコのインシルリク空軍基地で、レミントンM870を使ってバードパトロール（有害鳥類防除業務）に当たるアメリカ空軍予備部隊員。

SPECIFICATIONS

全長	978mm	重量	3,200g
装弾数	7発	使用弾薬	12ゲージ
発売年	1951年	製造国	アメリカ

いステンレスモデルや、特殊作戦用にコンパクト化したものも製造された。開発当初から基本的な構造や作動システムに大きな変化はないものの、レミントン社製品の特徴である耐久性が高い堅牢な構造と扱いやすさはプロアマ問わず多くの支持を受け、世界で最も売れたショットガンのひとつに数えられている。レミントン社の公式発表によると、2016年の時点で累計1100万丁を超えるセールスを記録したという。

セミオート式やフルオート式の新世代ショットガンが開発される現在においてもその信頼度は決して衰えておらず、これからもアメリカを代表する銃のひとつとして君臨するだろう。

過酷な環境に対応したコンバットショットガン

5位

モスバーグ M500

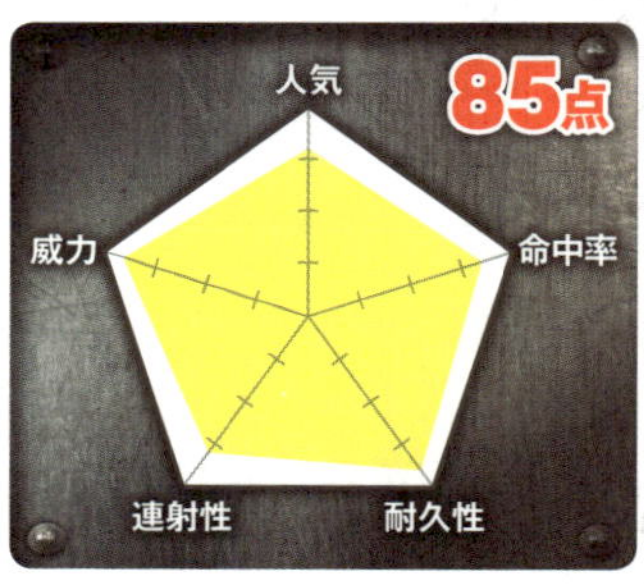

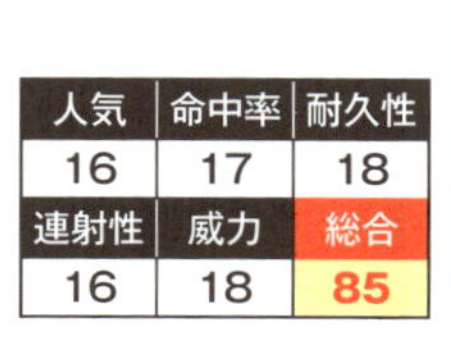

人気	命中率	耐久性
16	17	18
連射性	威力	総合
16	18	85

巡視船や軍艦など海上使用されることも多い

1960年代にアメリカのモスバーグ&サンズ社が開発。「レミントンM870」（※P138参照）と並ぶアメリカを代表するショットガンで民間用から軍・警察用として広く使用されている。

世界で唯一米軍の軍用規格に合格したポンプアクション式ショットガンとして、数千発もの連続射撃に耐える耐久性を誇り、アメリカ軍一般部隊で多く使用された。

機関部がアルミ合金で造られており、スチール製の「レミントンM870」と比べるとやや軽量である。また、実包の装填についても本銃のほうが複数発の装填に適した造りになっている。本銃の最大の特徴

2004年、イラク中央部の都市ラマディ。モズバーグM500を装備して保安任務に当たるアメリカ軍兵士。

SPECIFICATIONS

全長	350～760mm	重量	2,500～3,400g
装弾数	5/8発	使用弾薬	12ゲージ、20ゲージ
発売年	1961年	製造国	アメリカ

としてはバレルの交換が比較的簡単に行えるという点であり、それにより耐腐食性に優れているとされ、特に海上で使用されることが多い巡視船などに装備されるショットガンとして非常にポピュラーな存在となっている。また、軍や警察での需要の高さを見てモスバーグ社は「M590」と名付けた軍・法執行機関用のラインナップを発表。銃剣を取り付けるためのベース、連射時の過熱から射手を守るシールド、装弾数の拡張、そして樹脂製のストックにつや消しブラックの表面仕上げを施した。

狩猟用とは違う〝コンバットショットガン〟として、その耐久性と実戦に適した仕様は多くのプロから支持を得ることとなった。

大戦時に塹壕で活躍した“トレンチガン”

ウインチェスター M1897

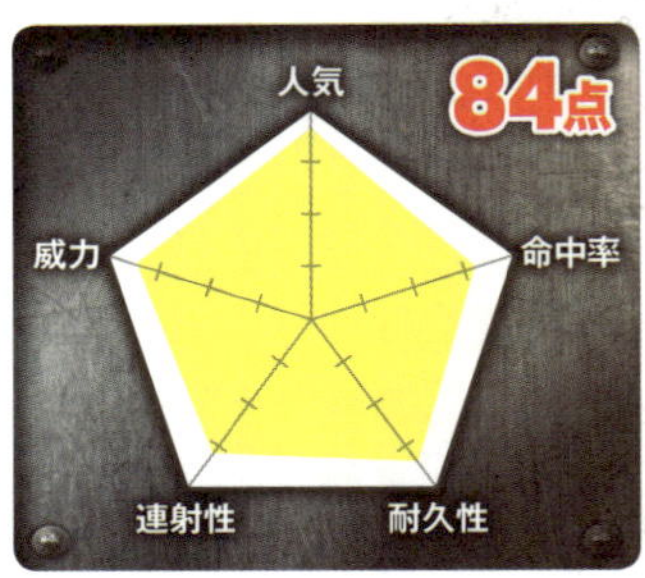

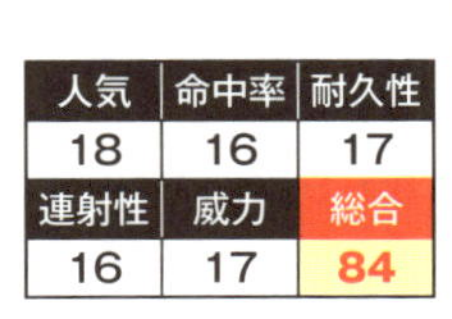

人気	命中率	耐久性
18	16	17
連射性	威力	総合
16	17	84

ポンプアクション式の先駆的存在

天才銃器設計者ジョン・ブローニングが設計した「ウインチェスターM1893」に改良を加えて作られた、ポンプアクション式ショットガンの先駆的存在といえるモデルである。

本銃は現代のショットガンの基本構造である「テイクダウン式（バレルの分解が可能）」を用いた初めてのモデルであり、銃器の標準を確立したと評価された。

発売以降、その売れ行きはうなぎ登りとなりアメリカ国内の市場のみならず大量に輸出されることとなる。こうして大ヒット作となった本銃は第一次世界大戦の勃発でさらに需要が高まった。頻発する

フォアエンド（銃身の下の筒状の握り）を引いて機関部を開放した状態の"トレンチガン"こと、ウインチェスターM1897。

SPECIFICATIONS

全長	1,000mm	重量	3,600g
装弾数	5発	使用弾薬	12ゲージ
発売年	1897年	製造国	アメリカ

塹壕（ざんごう）戦に対応するため連発式ショットガンが必要不可欠となり、銃剣を取り付けるためのベースや、過熱したバレルを冷却するための放熱板が追加された「トレンチ（塹壕）ガン」として本銃の軍用バージョンが開発・大量生産された。敵の塹壕において制圧用火器として使用された本銃だったが、ドイツ側から「不必要な苦痛を与える兵器」として、戦時における協定違反であると公的に抗議があったほど、その威力は凄まじいものであったという。

本銃の生産は1897年から1957年まで60年間にもわたり続いた。ハンターやガンコレクターを始め今もなおファンが多いショットガンの古典的名作である。

AKの高い信頼性を継承したショットガン

7位

サイガ12

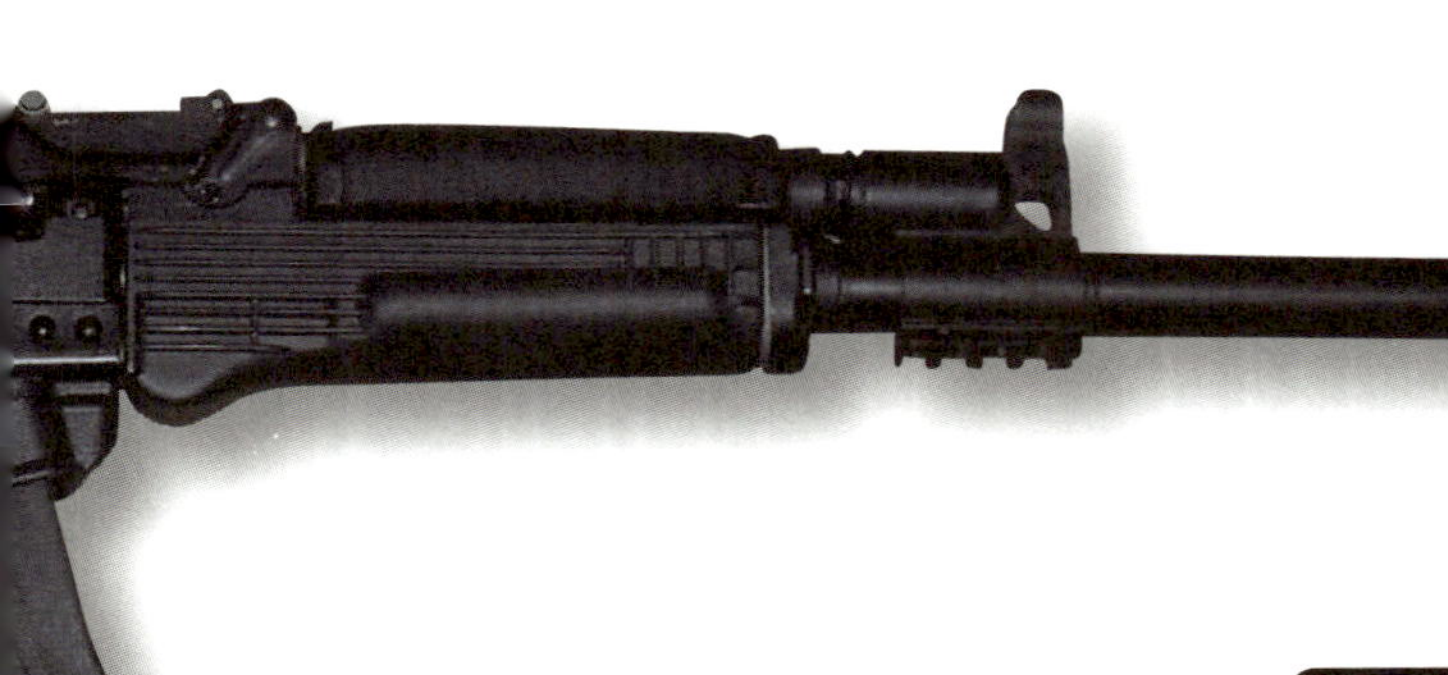

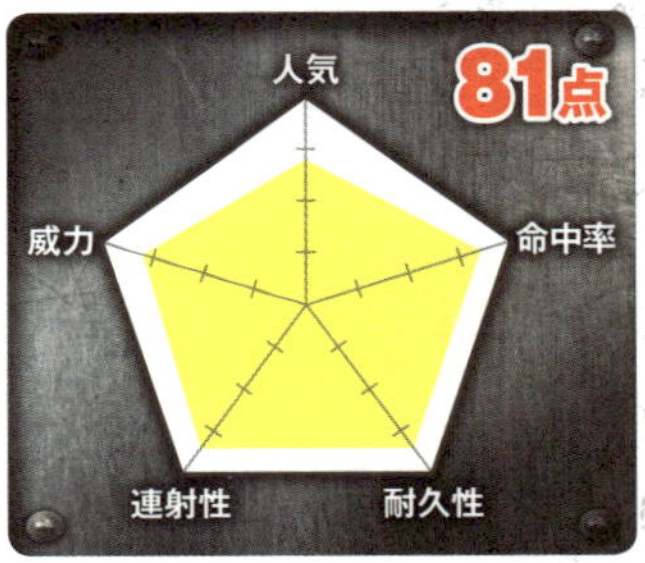

人気	命中率	耐久性
14	17	17
連射性	威力	総合
17	16	81

珍しい箱型弾倉式のショットガン

ロシアの銃器メーカーであり、総合工業メーカーであるイズマッシュ社が開発。アサルトライフルの傑作である「AK47」(※P78参照)の流れを汲む、軽量なセミオート式ショットガンである。

その作動メカニズムもAK47のものをそのまま使用しているため、信頼性の高さと頑丈さはまさに折り紙付きといえる。

ショットガンとしては珍しく箱型マガジンを採用しており、チューブ型のマガジンを備える通常のものよりも素早く給弾できる上、使用するマガジンによって装弾数を自在に変更できるという大きな利点がある。ロシア製ではある

サイガ12には数多くのバリエーションがある。こちらは銃身を短くし、折りたたみ式ストックを装備したモデルである。

SPECIFICATIONS

全長	1,145mm	重量	3,600g
装弾数	2/5/8/10/30発	使用弾薬	12ゲージ
発売年	1990年	製造国	ロシア

が、手軽に扱えることからアメリカでの人気が非常に高く、本銃のカスタムを専門とするメーカーも多い。日本でもグリップをピストル型ではなくライフル型にして、弾数を2発に制限したカスタムモデルを所持することが可能だったことがある。通常モデルの他に、バレルを短くし、折りたたみ式のストックを備えたモデルや、光学照準器を搭載できるレールなどが追加された法執行機関用のモデルも存在する。

低価格かつ箱型マガジン仕様のため、ショットガンの競技射撃大会でも注目を浴びており、従来のショットガンにはないフォルムも人気に拍車をかけている。

珍しいレバーアクション式ショットガン

ウインチェスター M1887

人気	命中率	耐久性
16	15	16
連射性	威力	総合
16	17	80

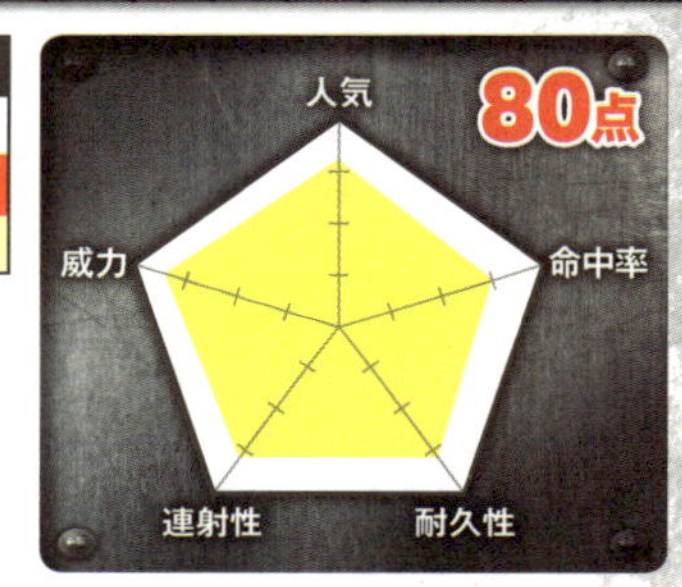

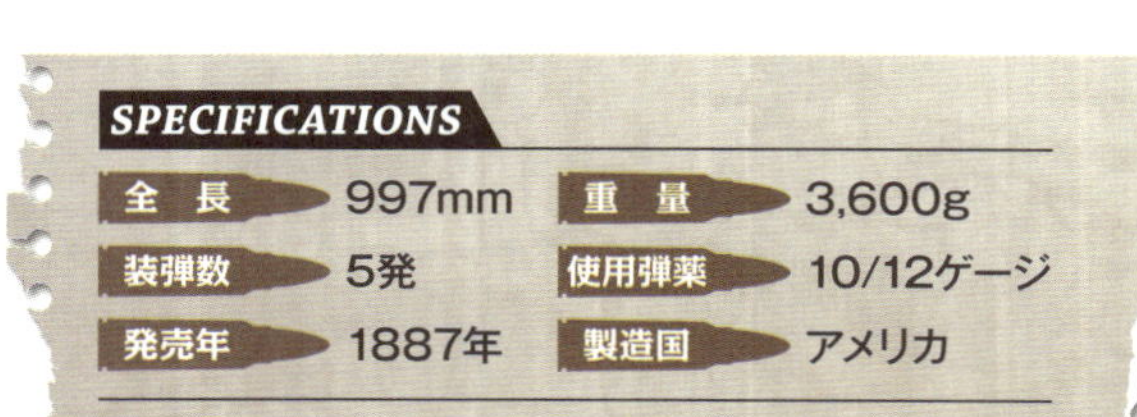

SPECIFICATIONS

全長	997mm	重量	3,600g
装弾数	5発	使用弾薬	10/12ゲージ
発売年	1887年	製造国	アメリカ

大ヒットSFアクション映画で抜群の存在感を発揮

アメリカのウインチェスター社は自社のレバーアクション式ライフルの大ヒットに気を良くし、同アクション式のショットガンが造れないものかと考えた。そして、その設計依頼を受けたジョン・ブローニングの手により生み出されたのが、このM1887である。堅牢性や操作性ではポンプアクション式ショットガンに分があったため、改良型の「M1901」登場以降レバーアクション式のショットガンは生産されておらず、世界的に見ても非常に珍しいタイプの銃といえよう。1991年の映画『ターミネーター2』ではストックをカットしたモデルが使用された。

第5章

スナイパーライフル編

SNIPERRIFLE

遠距離での精密射撃に適したスナイパーライフル（狙撃銃）は、高性能照準器と熟練の射手の腕で一撃必殺を確かなものにする。本章では軍用狙撃銃に加え、一発必中が命の競技射撃用傑作ライフルを紹介したい。

メカニカルな装いで生まれ変わった狙撃銃

1位

M24E1 ESR (XM2010)

人気	命中率	耐久性
19	19	18
連射性	威力	総合
19	18	93

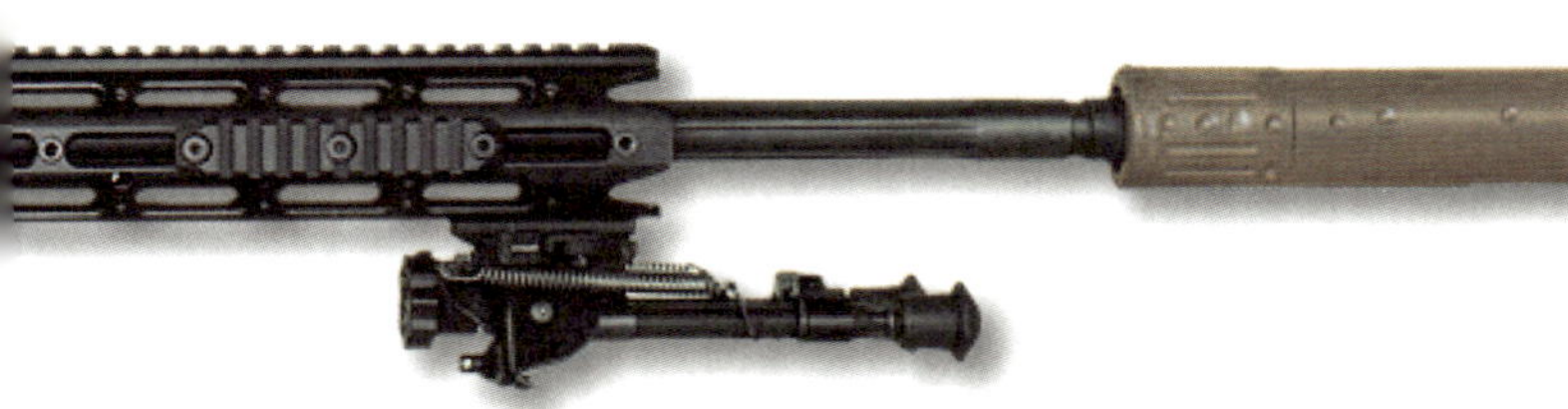

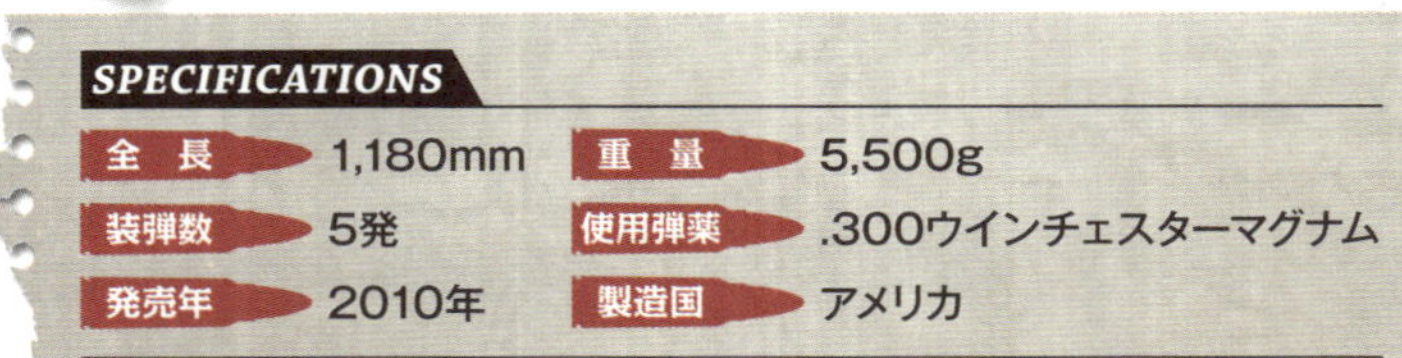

SPECIFICATIONS

全長	1,180mm	重量	5,500g
装弾数	5発	使用弾薬	.300ウインチェスターマグナム
発売年	2010年	製造国	アメリカ

近代仕様をふんだんに盛り込んで登場

アメリカのレミントン・アームズ社が自社のボルトアクションライフルと光学照準器などの狙撃用オプションで構成する、「M24 SW（スナイパー・ウェポン・システム）」の最新バリエーション。

M24は同社のレミントンM700をベースに、調整可能なストック（銃床）や光学照準器、伸縮式バイポッド（二脚）などを装備した軍用スナイパーライフルで、耐久性の高い特性ハードケースに収められ提供された。

このM24E1 ESRは、その派生モデルの最新バージョンとなる。ボルトアクションライフルとして比較的スタンダードなフォルムであったM24に、

M24E1 ESRの基本型であるM24を試射するグアム国家警備隊の狙撃手と、それを補助する同隊の観測手。最新型のESRと比較すると、いかにもボルトアクションライフルの定番といったフォルムである。

近代仕様をふんだんに盛り込んで全くの別モデルのようなメカニカルな風貌になった。

ストックはRACS（レミントン・アームズ・シャーシズ・システム）製、バレルは22インチに変更され、光学照準器や着脱式の持ち手など各種機器を装着するためのレールや穴が施されたスケルトンタイプの八角形断面のハンドガード（被筒）が採用されている。標準装備のサプレッサー（減音器）は、軽量で耐食性に優れたAACチタン製。使用弾薬も7・62㎜×51から、・300ウインチェスターマグナムに変更された。

2010年よりアメリカ陸軍で制式採用となり、既存のM24SWSについても本銃と同じ仕様に順次バージョンアップされていく予定とのことである。

狙撃銃として開発された独創的なライフル

2位

DSR-1

人気	命中率	耐久性
18	19	19
連射性	威力	総合
18	18	92

92点

人気 命中率 耐久性 連射性 威力

ライフルの新機軸として要注目の一丁

ドイツ連邦警察局の対テロ部隊であるGSG-9の要請により、AMPテクニカルサービス社が2000年に開発したスナイパーライフル。ベースはエルマ・ヴェルケ社のボルトアクション式ライフル「SR100」である。

使用する弾薬も「SR100」同様、.308ウインチェスター、.300ウインチェスターマグナム、.338ラプアマグナムの3種類となっている。

開発に関しては、銃の命中精度を競うベンチレストなる射撃競技用の銃を手がける技術者が協力。狩猟用ライフルを転用するのではなく、最初から軍用の狙撃銃として造られた。スナイパーライフルと

スナイパーライフルの概念を覆すヘビーでメカニカルな外観のDSR-1。バイポッド（二脚）は吊り下げ式を採用している。

SPECIFICATIONS

全　長	990mm	重　量	5,900g
装弾数	4発(.300、.338)/5発(.308)		
使用弾薬	7.62mm×51(.308ウインチェスター)、.300ウインチェスターマグナム、.338ラプアマグナム		
発売年	2000年	製造国	ドイツ

いうよりは、メカニカルさを強調したアサルトライフルのようなデザインが斬新である。トリガーの前に配置されたマガジンは予備のもので、グリップの後方、ストック部に機関部を配したブルパップ方式の構成となっている。命中精度向上のアプローチも含め、伝統的なライフルとはかけ離れたユニークなスタイルが注目され、GSG-9以外でもヨーロッパ数カ国の警察特殊部隊などで採用。スナイパーライフルの新たなる可能性に挑戦した意欲作だ。

派生モデルとしてサブソニック（亜音速）弾を使用する「DSR-1 サブソニック」、大口径の対物ライフルバージョンとなる「DSR-50」などが発表されている。

海外にも輸出され好評の日本製ライフル

ホーワM1500

人気	命中率	耐久性
17	20	19
連射性	威力	総合
18	17	91

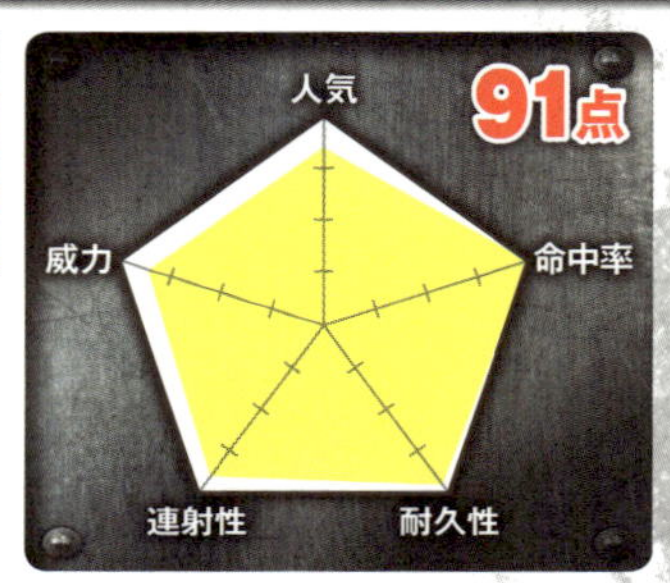

SPECIFICATIONS

全長	1,118mm	重量	4,200g
装弾数	5発	使用弾薬	7.62mm×51
発売年	1987年	製造国	日本

民間のみならず警察でも狙撃銃として採用

日本の豊和工業が1960年代後半に開発したボルトアクション式ライフル「ゴールデンベア」をフルモデルチェンジするかたちで発表したのがこの「M1500」である。

国産の大口径ボルトアクション式ライフルとしては現時点で唯一のモデルであり、海外にも多く輸出されるなど豊和工業の代表作として好評を博しているライフルだ。

日本国内における狩猟用ライフルとしてのシェアはレミントンなどの海外ブランドのネームバリューや営業力に押され販売数が伸び悩み気味だが、海外においては一定の人気を誇っている。その理由は、低価格ながら頑丈で命中精度

スコープを装着したホーワM1500を背負っているのは、北海道警察警備部の銃器対策部隊員である。

も高く扱いやすいという点にあり、アフターパーツも販売されているほどだ。ちなみに海外向けには「Howa Model M1500」の名称で販売されている。

日本において主な活躍の場となるのは警察の特殊任務の現場。警視庁でスナイパーライフルとして使用されているのが、バレルが厚く重みのあるバーミントハンティング（害獣駆除）モデルと呼ばれるもので、特殊急襲部隊SATや銃器対策部隊、福井県警の原子力関連施設警戒隊等に配備。特殊銃としての装備は、ストック部分のバイポッドと照準器が装着されていることである。

軍用スナイパーライフルの新世代モデル

4位

L96A1

人気	命中率	耐久性
19	18	18
連射性	威力	総合
18	17	90

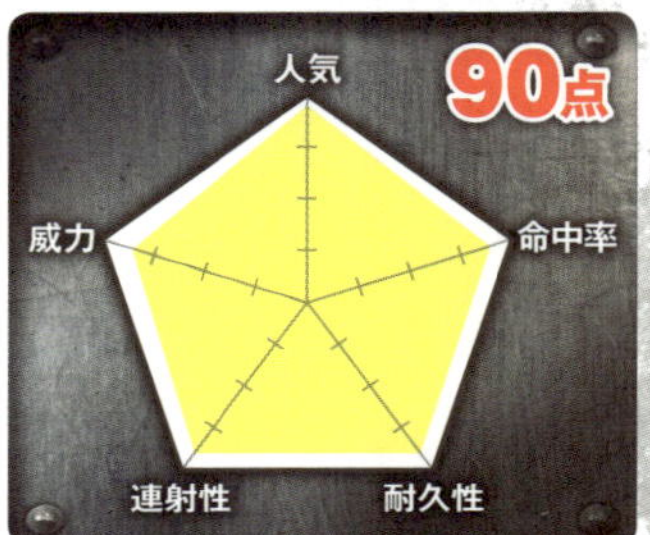

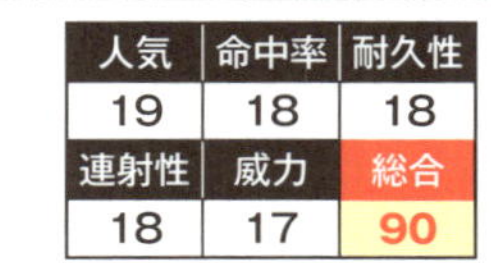

射撃の金メダリストが開発に参加

イギリスのAI（アキュラシー・インターナショナル）社が1980年代に開発した、ボルトアクション式ライフル。軍用スナイパーライフルの新世代型として世界で高い評価を得ている。

オリンピックの射撃競技で2大会連続で金メダルを獲得したマルコム・クーパーが設立したAI社が、その知識と技術の全てを注ぎ込んだ渾身の一丁といえよう。

その設計とデザインには、競技射撃からフィードバックされたと思われる様々なアイデアが数多く見受けられる。射撃時にストックにかかる負荷を発射機構に可能な限り伝えないようにするための特殊

2012年、ドイツ・ホーエンフェルスで行われた多国籍軍による訓練でL96A1をかまえるベルギー軍兵士。

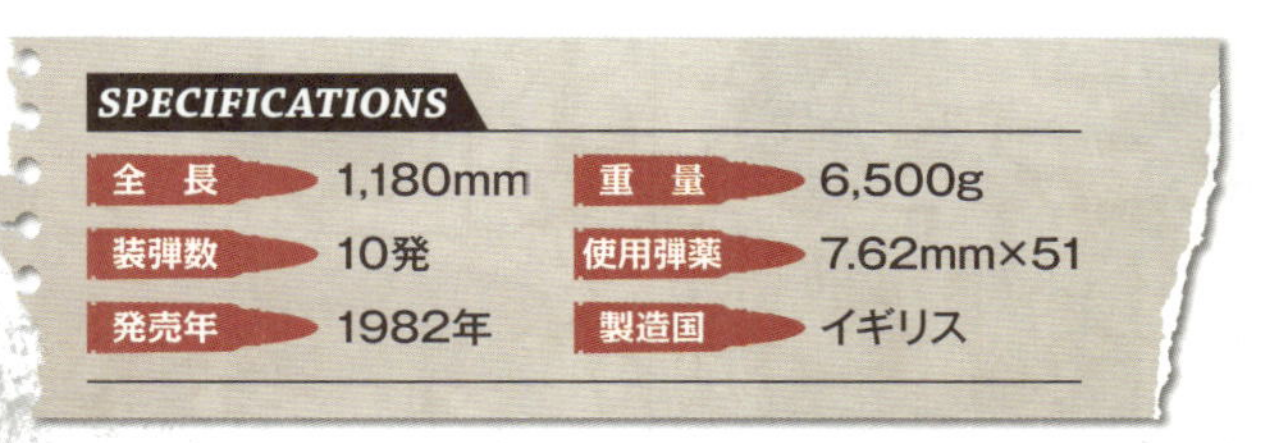

SPECIFICATIONS

全長	1,180mm	重量	6,500g
装弾数	10発	使用弾薬	7.62mm×51
発売年	1982年	製造国	イギリス

な構造、肩に当てる位置や長さを調節可能な肩当て部のメカニズム、トリガーを引く手を自然な姿勢で銃に添えることができるように、親指を入れるための穴を開けた「サムホール型式」と呼ばれるストックの形状などがその主なものだろう。その性能が認められ1984年にイギリス軍で制式採用された後、スウェーデン軍での制式採用を狙い寒冷地対応改良を施した、マイナス40度での動作も可能なAW(アークティック・ウォーフェア)ライフルが登場した。

さらに、警察用モデル、マグナム弾使用モデル、50口径対物狙撃モデルなども開発され、世界各国の軍や警察で採用。日本でも特殊急襲部隊SATに導入されている。

重機関銃の弾を撃つセミオートライフル

バレットM82A1

人気	命中率	耐久性
20	16	18
連射性	威力	総合
15	20	89

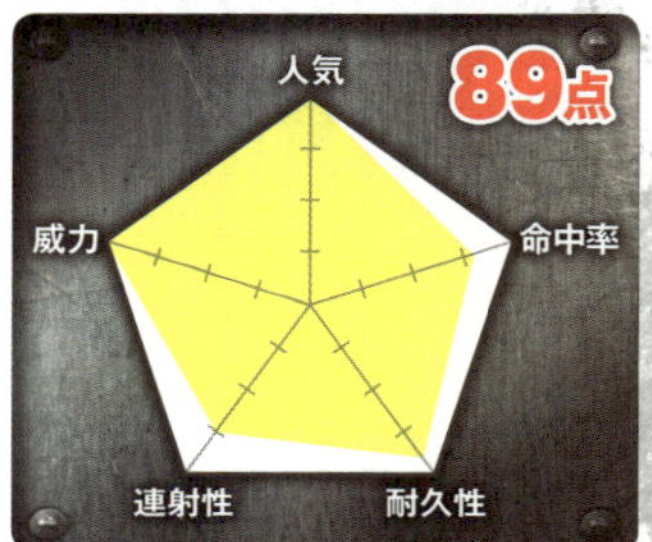

恐るべき破壊力を持つ最強の狙撃銃

1980年創設の銃器メーカー、バレット・ファイヤーアームズ社が開発した大型のセミオート式ライフル。カテゴリーとしてはアンチマテリアルライフル（対物ライフル）となる。

アンチマテリアルライフルとは、装甲された車両などを狙撃するため強力な弾を撃つ大型のライフルのこと。本銃は手動ではなくセミオートで撃つことができる。

一部で「対戦車ライフル」と表現されることもあるが、戦車の装甲を貫くほどの威力は持っておらずあくまで多目的車両用となる。本銃は12kgを超える重量であるが、同程度の弾を撃つ他のライフルと比

2005年3月、イラク北部の石油工業の中心となる都市キルクークにて、バレットM82A1を試射するアメリカ空軍の兵士。

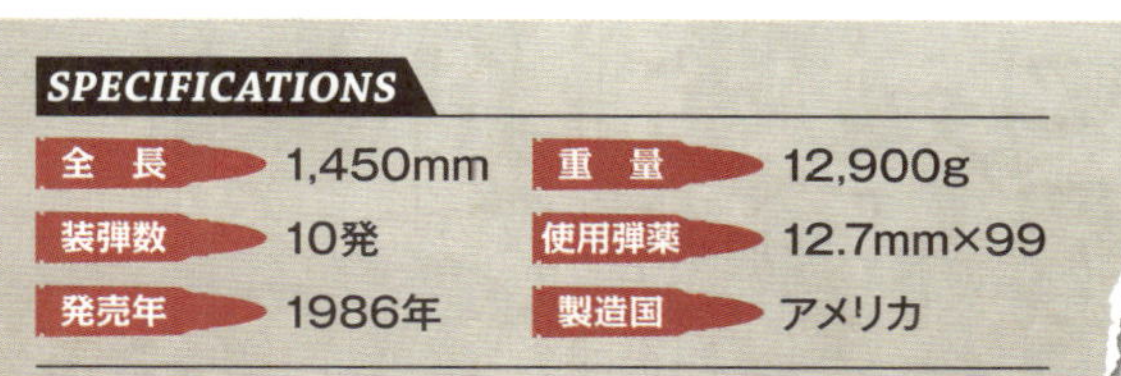

SPECIFICATIONS

全長	1,450mm	重量	12,900g
装弾数	10発	使用弾薬	12.7mm×99
発売年	1986年	製造国	アメリカ

較すると軽量な部類となり、その強力なパワーの割に反動もそれほど強くないため世界各国の軍や警察などで広く使用されている。発売当初の売れ行きは思わしくなかったものの、1989年にスウェーデン陸軍が危険物除去任務の際に本銃を導入したことをきっかけに各国で採用が開始され注目を集めた。アメリカ陸軍も湾岸戦争での地上戦に使用し、イラク戦争では対人用の長距離狙撃銃として驚異的な性能を見せることとなった。

戦地などでの携行性を重視して15秒ほどで組み立てが可能なよう設計されており、分解してケースに収納することで簡単に運搬可能。スナイパーライフルとしては最強クラスの破壊力を持つ恐るべき存在だ。

傑作ライフルをカスタムした軍用スナイパーモデル

6位

M40A1

人気	命中率	耐久性
17	18	18
連射性	威力	総合
17	17	87

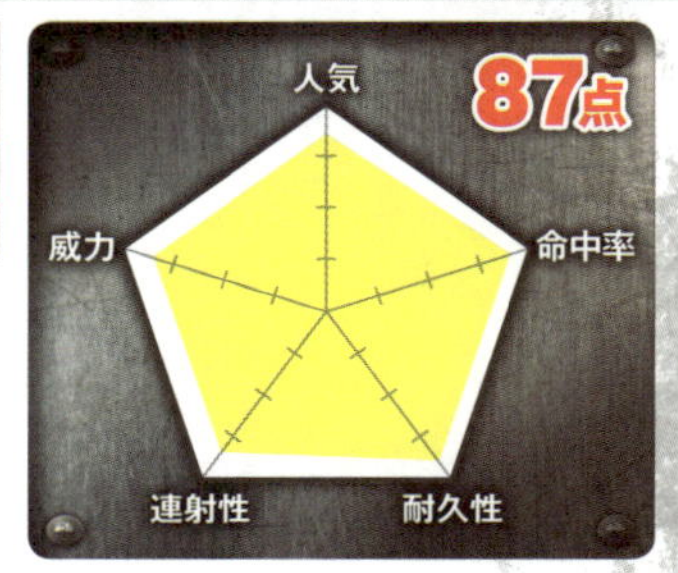

SPECIFICATIONS

全長	1,055mm	重量	3,000g
装弾数	5発	使用弾薬	7.62mm×51
発売年	1962年	製造国	アメリカ

アメリカ海兵隊の制式狙撃銃として活躍

レミントン社が1962年に発売し、ボルトアクション式ライフルの傑作として現在までロングセラーを続ける「レミントンM700」を軍用スナイパーライフルにカスタマイズ。

そのモデルは「M40」の名称でアメリカ海兵隊でスナイパーライフルとして制式採用され、ベトナム戦争で偵察狙撃部隊により使用され高い評価を受けることとなった。

しかし、その一方でベトナムの高温多湿、多雨の環境下では木製のストック部分が湿気を吸収してしまうことから歪みや捩(よじ)れが発生し、照準に僅かな誤差が生じるケースも見られた。そこで、自然環境

M40A1をかまえるアメリカ海兵隊のスナイパー。海兵隊内でカスタマイズされた本銃はアメリカ内外のミリタリーマニア垂涎の一丁だ。

の影響を受けることが少ない合成樹脂を使用して造られたストックを装着、連続射撃しても過熱せず寿命も長いステンレススチール製の太めのバレルを備えて登場したのがこの「M40A1」となる。

本モデル以降のバージョンは、レミントン社から供給された部品をアメリカ海兵隊内で独自に製作しているため基本的に外部への流出はなく、レミントン社が取り扱ういずれのラインナップとも全く異なる仕様となっている。

ミスが命取りとなる狙撃任務において高い集弾性と耐久性を誇る頼もしい存在であり、軍用狙撃銃としてこの先しばらくの間、第一線で活躍を続けることは間違いないだろう。

小隊選抜射手専用として開発されたセミオートライフル

7位

ドラグノフ SVD

人気	命中率	耐久性
16	19	17
連射性	威力	総合
17	17	86

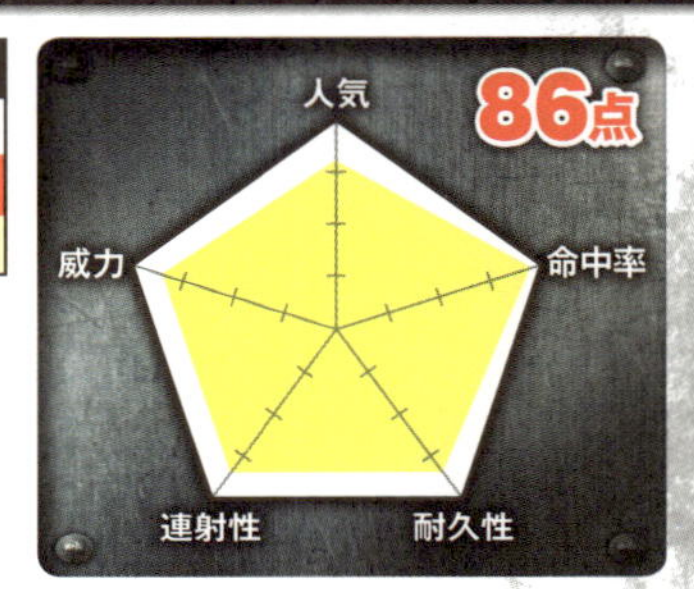

SPECIFICATIONS

全長	1,225mm	重量	4,300g
装弾数	10発	使用弾薬	7.62mm×54R
発売年	1963年	製造国	ソビエト連邦

射程距離はアサルトライフルよりやや長め

銃器設計技師エフゲニー・フョーダラヴィチ・ドラグノフが設計、1963年にソ連軍に制式採用されたセミオート式のスナイパーライフル。遠距離での精密射撃には適していないと指摘を受けていたが、アフガニスタン侵攻における戦闘の際に中距離での援護射撃も含めて簡易に利用できるマークスマンライフル（選抜射手用ライフル）として投入され評価を上げた。本銃用に新たに開発された照準器「PSO-1」には簡易な距離計と赤外線探知機能、内部微弱光源が組み込まれており、戦場捜索においても有効な先進的な造りとなっている。

命中精度が飛躍的に向上したセミオートライフル

8位

SR-25

人気	命中率	耐久性
15	18	16
連射性	**威力**	**総合**
17	17	83

SPECIFICATIONS

全長	1,118mm	重量	4,900g
装弾数	10/20発	使用弾薬	7.62mm×51
発売年	1990年	製造国	アメリカ

M16の生みの親が最後に手がけた渾身の一丁

アメリカの銃器設計者ユージン・ストーナーが愛弟子のリード・ナイツと共に設立した、ナイツ・アーマメント社が手がけたセミオート式のスナイパーライフル。

2005年にアメリカ海軍および海兵隊の新たなスナイパーライフルとして「Mk・11」の名称で制式採用された。射程距離が長く威力も強い7・62㎜×51弾を使用。セミオート式ライフルでありながら、遠距離でも高い命中率を誇るスナイパーライフルに仕上がっている。ナイツ社の高い技術力と、1997年に他界したストーナーの最後の執念が結実した渾身の一丁である。

第二次世界大戦期の旧ソ連軍主力ライフル

モシンナガン

9位

人気	命中率	耐久性
14	16	16
連射性	威力	総合
15	16	77

1891年にロシア帝国の制式小銃として採用

ロシア帝国陸軍のセルゲイ・イヴァノヴィッチ・モシン造兵大佐とベルギーの銃器技師であるナガン兄弟の手で設計され、1891年に同軍で制式採用された軍用ライフルがこの「モシンナガン」である。

だが、当時のロシアの工業水準ではライフルの量産が困難であったため、アメリカのレミントン社やスイスのSIG社などの外国の銃器メーカーに生産委託を行っていた。

国内での量産が可能となったのは1920年の初め頃であったという。弾薬は本銃の開発に合わせて設計された7・62㎜×54R弾で、「7・62ロシアン」の呼称でも知られている。因みに「R」は「ロ

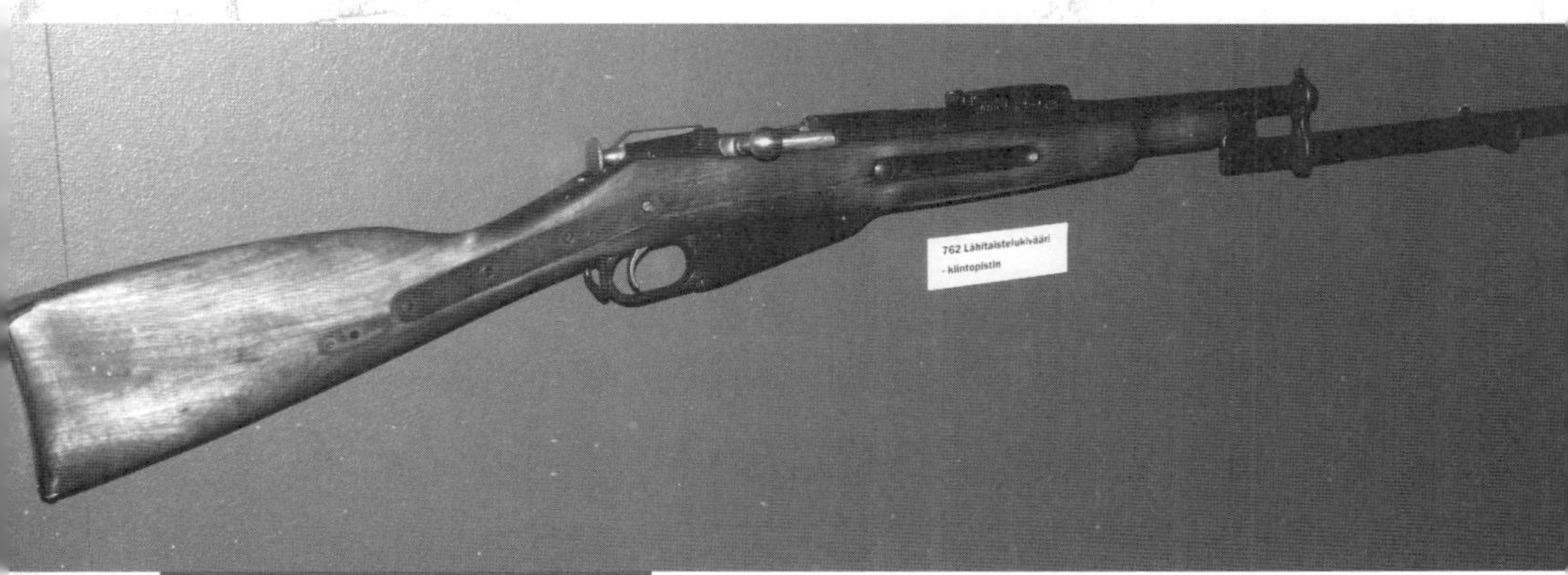

フィンランド・ミッケリ歩兵連隊博物館に展示されている、モシンナガン1891のフィンランド生産型「M/91」。

SPECIFICATIONS

全長	1,287mm	重量	4,000g
装弾数	5発	使用弾薬	7.62mm×54R
発売年	1891年	製造国	ソビエト連邦

シア」ではなく「Rimmed case（起縁型薬莢）」を示す。バリエーションとしては、騎兵用として10㎝短縮化した「ドラグーン」、同サイズで銃剣の取り付け部を省略した「コサック」が存在する。また、1930年には第二次世界大戦時の主力ライフルとなる、M1891の各部に改良を施した「M1930」が登場。高性能照準器を搭載したスナイパーバージョンは狙撃銃として高い性能を見せつけ、スターリングラード攻防戦で大いなる戦果をあげたという。

日露戦争、第一次世界大戦、ロシア革命と、ロシア帝国からソビエト連邦へと移り変わる激動の時代を戦い抜いた歴戦の勇士ともいえる名作ライフルである。

オリンピックの射撃競技を制覇した傑作ライフル

アンシュッツ1913

人気	命中率	耐久性
15	20	17
連射性	**威力**	**総合**
10	8	70

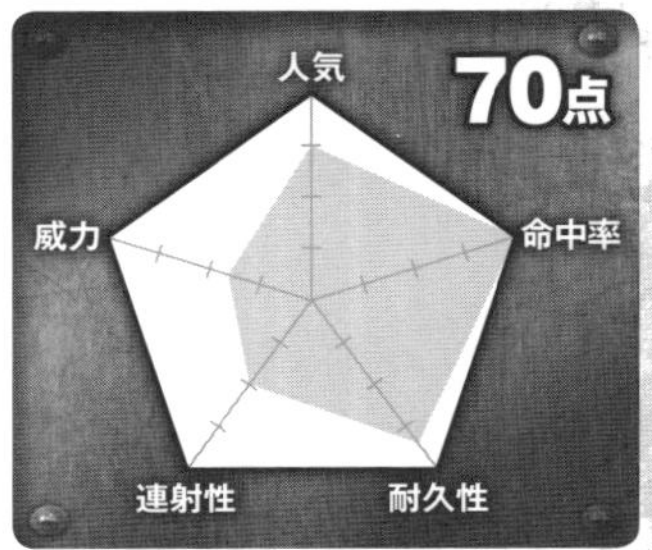

SPECIFICATIONS

全　長	1,150mm	重　量	5,600g
装弾数	1発	使用弾薬	.22LR
発売年	1913年	製造国	ドイツ

日本の学生射撃でもポピュラーな競技用ライフル

「スモールボアライフル（火薬の燃焼により発生するガスで弾丸を発射する競技用小口径ライフル）」は、バイアスロン競技においてはほぼ独占的といってもいいシェアを誇るドイツの銃器メーカー、アンシュッツ社の傑作。

精度の高い銃身、繊細な調節が可能なトリガーのメカニズムなど、他のメーカーには容易に到達できない高いレベルの競技用ライフルだ。日本の大学の射撃部でも多くの選手が本銃を愛用している。装弾数は単発だが、トライアスロン専用の5連マガジンを備えた「アンシュッツ1827フォートナー」なるモデルも存在する。

|特別編|

ゴルゴ13が愛したM16

M16 the GOLGO 13 loved

彼は時代の変遷に流されることなく、己の流儀を貫き続けてきた。陰謀と裏切りが渦巻く世界に身を置く世界最高のスナイパー《ゴルゴ13》。彼が使用した《M16》カスタムの歴代モデルとその詳細を名場面と共に紹介！

※ゴルゴ13は連載50周年を迎え、記念イベント各地巡回予定です。
◎原作・原案 さいとう・たかを
◎作画 さいとう・たかを / さいとう・プロダクション
◎連載誌 ビッグコミック（小学館）
※ビッグコミックも今年で創刊50周年！

ゴルゴ13が愛したM16

M16 the GOLGO 13 loved

© さいとう・たかを

ゴルゴ13の愛用するM16カスタム。ここでは、その仕様や進化の過程、移り変わりなどについて詳細に検証してみた。

M16をベースにカスタマイズされた「アーマライトM16変形銃」と呼ばれる銃がある。コルト社の製造するアサルトライフルM16をスナイパーライフルにまで昇華した、ゴルゴ13が使用するおなじみの愛用銃だ。

読者にとっては、ゴルゴ13＝M16といっても過言ではない。ゴルゴとこの銃は、セットで考えられることも少なくない。まさに作品の代名詞となる銃であり、切っても切り離せない存在だろう。

さて、セットで見られがちなゴルゴとM16だが、実はゴルゴはM16をメインで使用しているだけであって、それでなければならないということはない。かけがえのない存在でもなければ、分身でもないし、愛着なども皆無なのだ。

彼にとって、銃はあくまでも自分の仕事を達成するための道具のひとつでしかないのである。したがって、当然ながら状況に応じて他の銃も使用するし、イザとなれば使い込んだ銃であってもあっさりと廃棄してしまう。このことからも判るように、同じ銃を長い間使い続けているのではなく、似た仕様のカスタムが施されたM16を用いているに過ぎないのだ。これは、銃の形状の変化からも見て取れる。

ゴルゴの使用するアーマライトM16は、「傑作・アサルトライフル」でM16系のバージョンアップモデルであるM16A2へ変わるまで、大まかに分けて4種類のバージョンが存在している。

初期モデルはレシーバーがフラットトップになっていてライフルスコープ以外のサイト類は搭載されていない、いわゆるサイトレスモデルだった。ベースとなったのも、初期の頃はM16であって、M16A1ではない。M16A1へとベースモデルが変更されたのは、Ver.4の登場後である。

M16とM16A1の大きな違いは、フォワードアシストノブの追加である。これは、マガジンからチェンバーへ強制的に送り込むための装置だ。M16では、様々な理由により、装填不良が頻繁に発生した。装填不良になるとボルトが閉鎖しきらなくなってしまうが、フォワードアシストによって強制的に弾をチェンバーへと送り込むことで、このトラブルを改善したのである。

完璧を求めるゴルゴ13が使用するM16カスタムだけにこういったトラブルは改善されていると考えられるが、カスタムを作るにあたって、より高性能な改良モデルを選ぶのは当然の流れといえるだろう。

サイトレスモデルには、スコープの装着方法で3種のバージョン（Ver・1～3）が存在し、「マニトバ」で、リアサイトとサイドガードを装着したモデル（Ver・4）が新たに登場する。

Ver・1では、アッパーレシーバー左側面より立ち上げられたL型のマウントベースが使用されていた。その後、改良型のVer・2になると、L型のマウントベースは廃止され、フラットトップ化されたレシーバー上部にスコープ本体を直接取り付ける方法に変わる。Ver・3ではさらに改良され、2つのマウントリングで装着する方式へと進化した。

Ver・4では、フラットトップだったレシーバー上部にサイドガード付きのリアサイトが搭載される。このモデルでは、スコープの搭載方法が大幅に変更された。マウントリングを使用するという点は同じだが、本体側の取り付け基部が変更されたのである。このVer・4に変わってからは大きな変更もなく、M16A2に変わるまで長きにわたって使用され続ける。

M16A2カスタムに変更されてからは破壊されてしまうことも何度かあったが、細かな違い程度で、大きな変化もなく使い続けている。

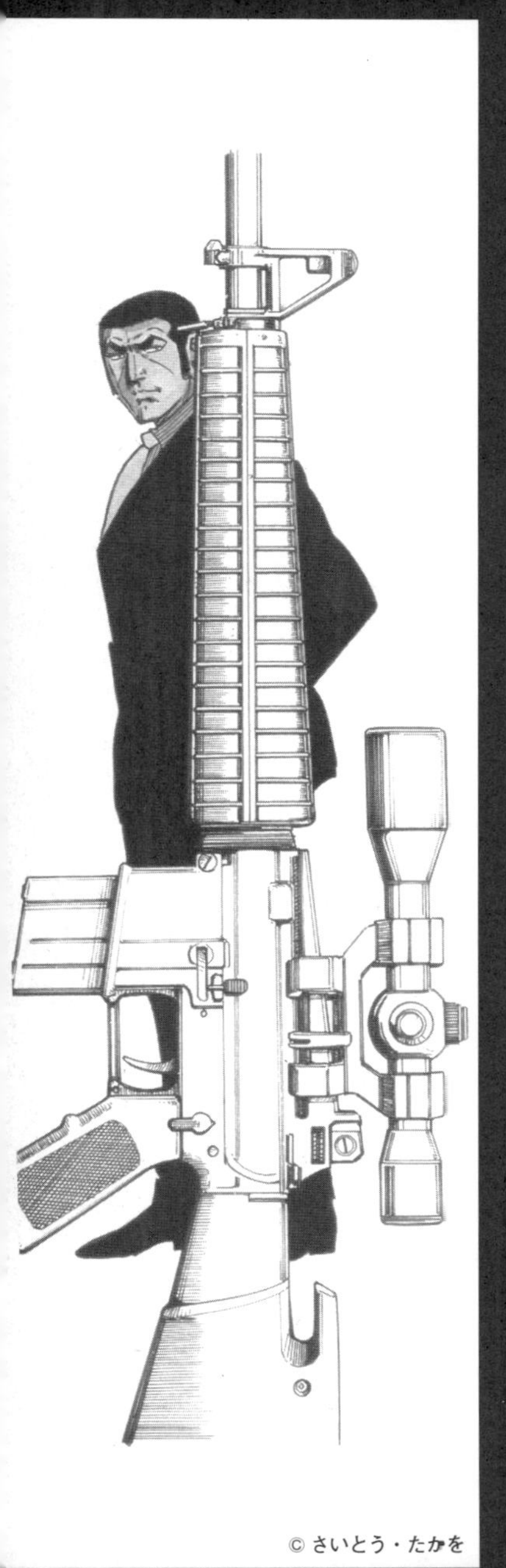
© さいとう・たかを

M16 Ver.4

© さいとう・たかを

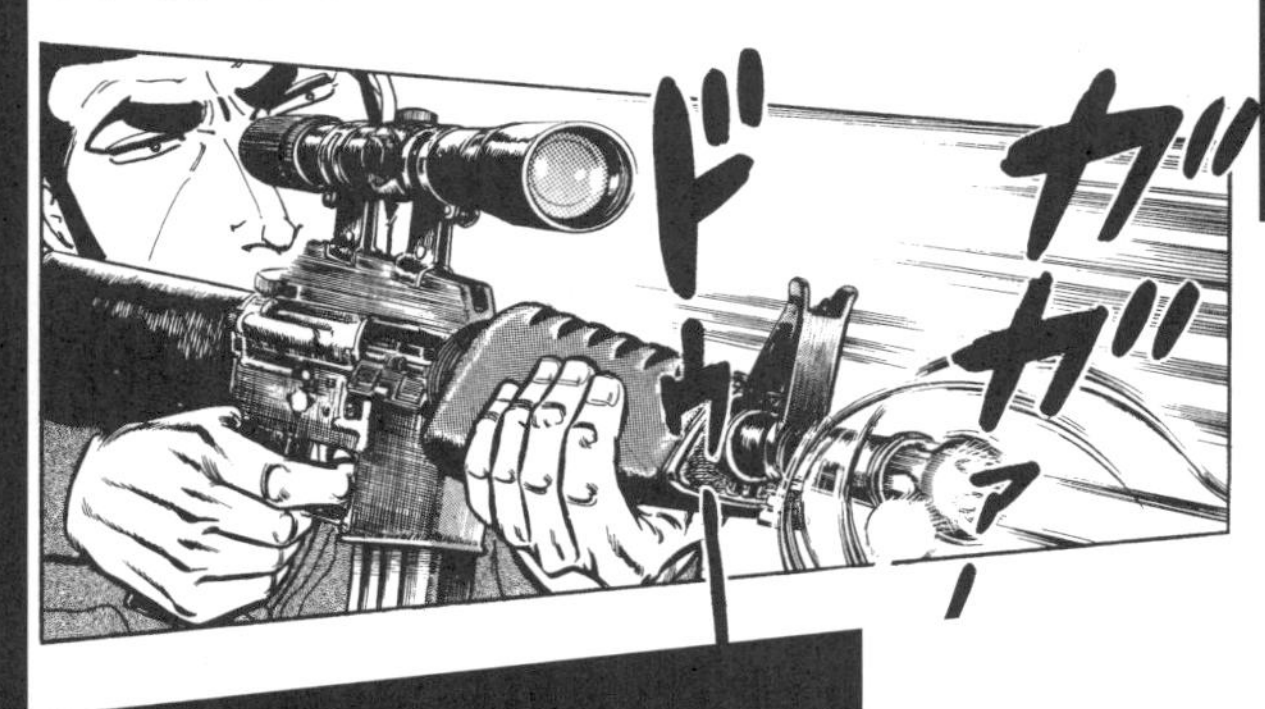

サイドガードの外側から挟み込むようにして２つのマウントリングを用いて固定する。「ファイル消失」より抜粋。

© さいとう・たかを

スコープを装着しない状態で使用することも想定したカスタムだ。リアサイト側面にはウィンテイジダイヤルが確認出来る。

ゴルゴが最も長い期間使用していたモデルがリアサイトとサイドガードを搭載したこのＶｅｒ・４だ。

レシーバー上部のキャリングハンドルを廃し、代わりに斜めにカットされたサイドガード付きのリアサイトを装備したカスタムモデルである。ゴルゴのモデルというと、このバージョンを連想する人は少なくないだろう。

基本的な仕様は変わっていないが、

アーマライトM16変形銃（Ver.4）

作品中期にかけて、かなりの長期間ほぼ同じ仕様で使われ続けた。

ハイダーの先が三叉のいわゆるチューリップタイプのハイダーを装備。米軍がM16として制式採用した通称ベトナムモデルだ。

フラッシュハイダーが三叉の「チューリップ」から「バードケイジ」に。装弾不良時にボルトを強制的に前進させるためのレシーバー右側のボルトフォワードアシストが追加されるなど、細かな部分に手が加えられている。この段階ですでにM16からM16A1へと持ち替えられているが、このことについて語られたエピソードはない。そのためか、しばらくの間はM16とM16A1の両カスタムが混在していたが、作品中期以降より、Ver・4に統一されていく。

この他にもスコープの装着方法が異なる。当初はサイドガードの内側にマウントを差し込み、側面にあるダイヤルを締め込んで固定していたが、改良後は、サイドガード外側から挟み込むようにしてマウントリングで固定するようになる。これが最初に登場したのは「シンプソン走路」からだが、頻繁に使用されるようになったのは「ファイル消失」あたりである。

15連ショートマガジンにサウンドサプレッサー、ローマウントスコープなどを装備した、M16カスタムの記念すべき第一作である。

M16 Ver.1

フラットトップレシーバー部分に2つのマウントリングを用いてスコープを固定している。Ver.1に比べると搭載位置は高い。

M16 Ver.2

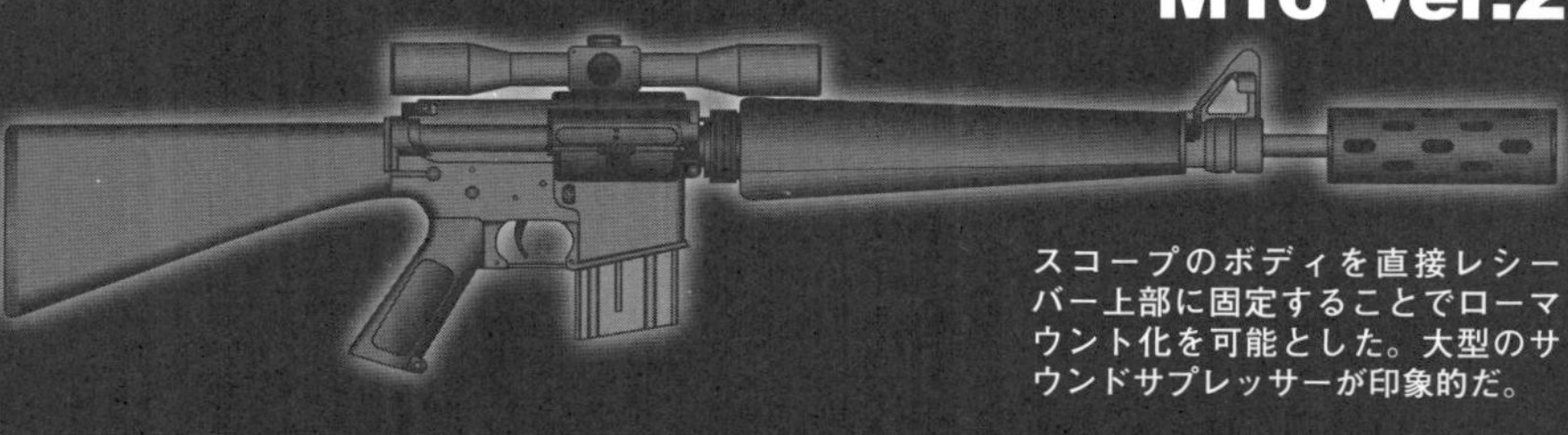

スコープのボディを直接レシーバー上部に固定することでローマウント化を可能とした。大型のサウンドサプレッサーが印象的だ。

作品の前期に登場したM16カスタム。

Ver・1ではスコープマウントベースがレシーバーの左側面より立ち上げられていたが、Ver・2ではレシーバーのキャリングハンドル部分を切り飛ばし、台座を付けてスコープを直接搭載している。マウントリングを使用せずにスコープのボディを台座に固定しているため、搭載位置はかなり低い。基本的にはチューリップタイプのフラッシュハイダーだが、作品によってはサウンドサプレッサー（消音装置）のようなものを装着しているケースも多く見受けられる。フロントサイトがベース部分よりカットされているバージョンも存在する。

かなりサイトの位置が低いため、銃身とサイトの中心軸の落差が発生しにくいというメリットがある。

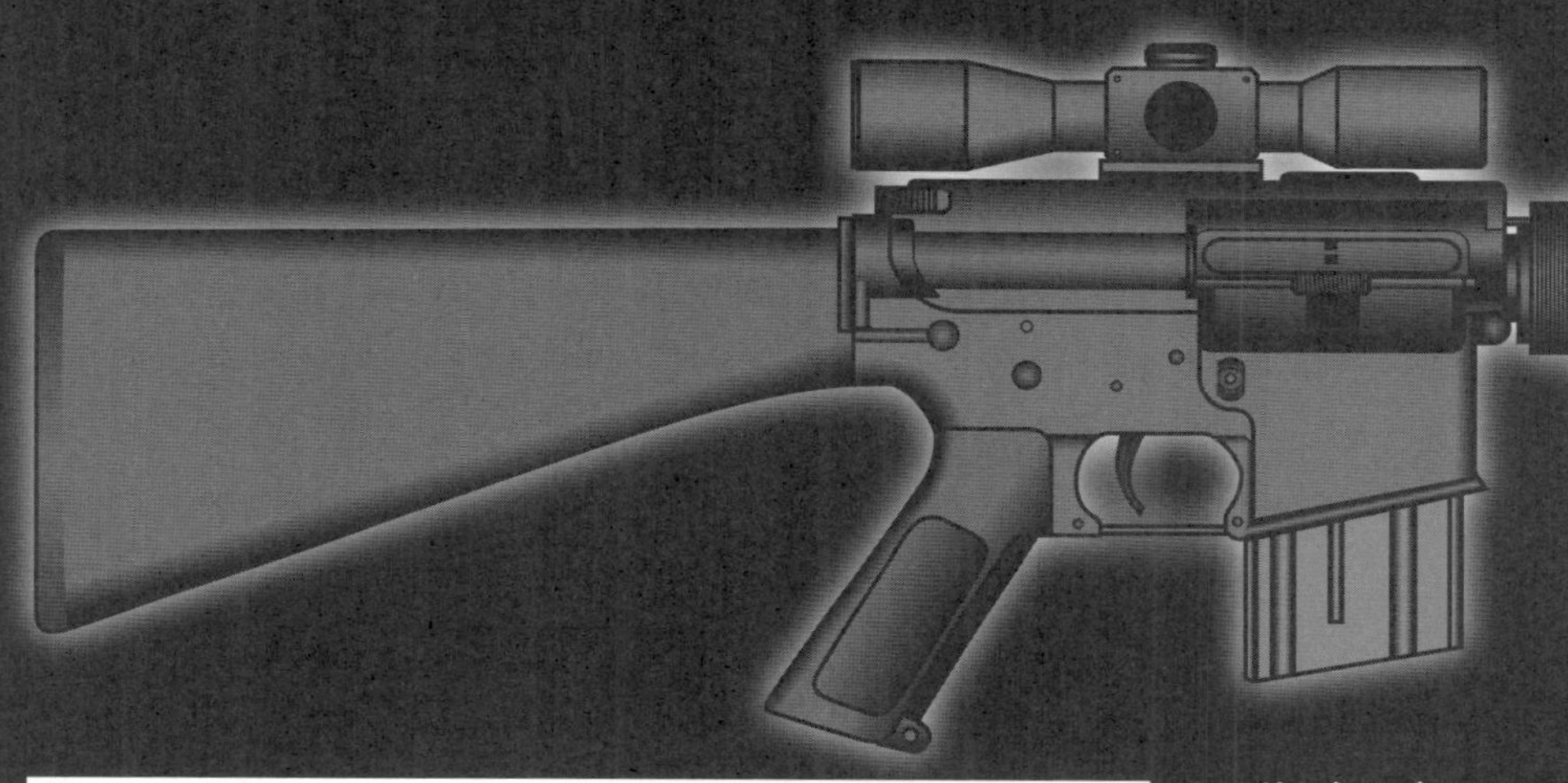

Ver.1はレシーバー左側面から立ち上げられたL型のマウントベースにスコープを装着している。個性的なデザインのマウントベースだ。

M16 Ver.3

Ver.1からの発展型であるVer.3。レシーバー上部に設けられたレールにマウントリングを用いてスコープを固定している。

Ｖｅｒ・２に代わって登場したのが、このＶｅｒ・３である。基本的にはＶｅｒ・２と大きな違いはないが、スコープの固定方法が、直接ではなく、スコープマウントリングを用いたものに変更されている。

サイトのローマウント化は銃の精度において重要なポイントとなるが、あまり近すぎると発射の際の衝撃がスコープへ直接伝わってしまい、サイトのズレや故障などといったトラブルを引き起こしてしまう可能性が潜んでいる。そういった観点からの改良と推察される。

ゴルゴ13というとロングレンジからのスナイプが有名だが、実はミドルレンジはモチロン、ショートレンジやCQB（近接戦闘）においても高い戦闘力を持つ。あらゆる状況下においても最強のワンマンアーミーなのだ。

M16 A2 カスタム

M16A2カスタム

「傑作・アサルトライフル」で登場してから現在に至るまで、ゴルゴ13の愛銃として活躍し続けている。一流のガンスミスによってカスタムされた「究極のM16A2」である。

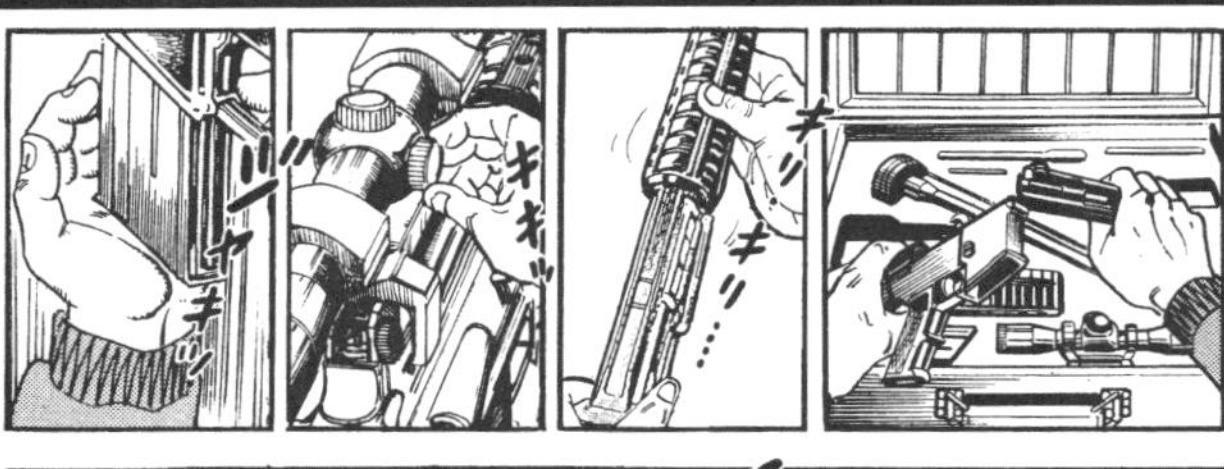

バレルをケースに対して斜めに収納することで、コンパクトに収められている。収納方法までにこだわる辺りがさすがゴルゴである。

連載当初より使用していたM16カスタムから持ち替えるかたちで登場したのが、このM16A2カスタムだ。この経緯については「傑作・アサルトライフル」の中で描かれている。

Ver・4との違いは、弾の強化によるヘビーバレル化、円筒形の上下分割式のハンドガードやスコープマウント装着用の溝を装備したレシーバーの採用、カートディフレクター、大型のチークピースの装備などが見受けられる。見た目こそ同じM16系モデルだが、使用する弾が変わるなど、A1とA2ではかなり変更されている。

このカスタムモデルを手がけたガンスミス（銃器職人）の《ベリンガー》によると、真のストレートバレルを探し出すまでに8年、それにミクロン単位の加工を施してチェンバリング（弾を装填する部分（薬室）を削り出す）するのに1週間を要したという。

弾の変更により、弾頭重量が増し、射程距離はおよそ150m延びている。

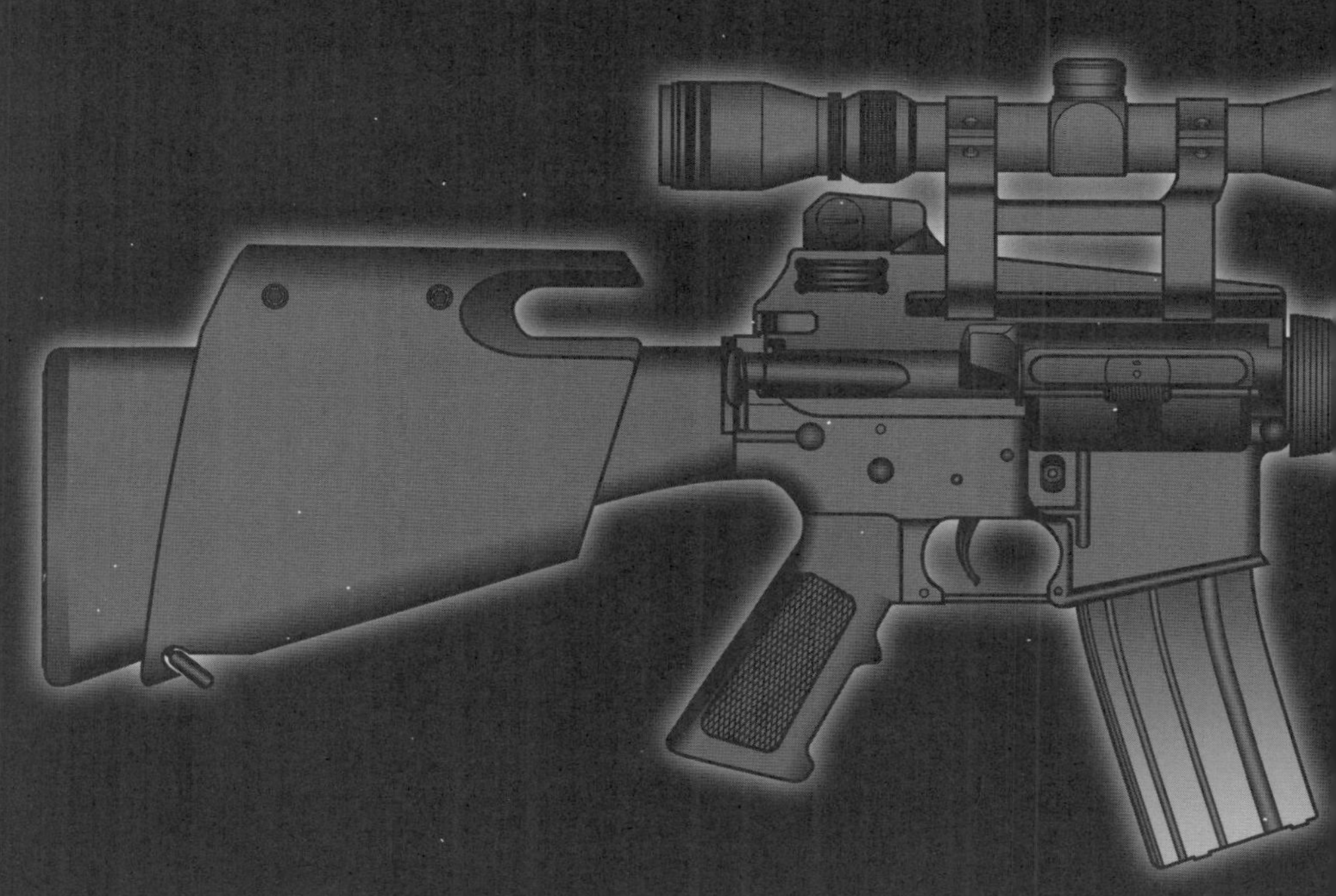

2度までも完璧（パーフェクト）といわしめたところにベリンガーの自信のほどがうかがえる。ガンスミスとしての粋を詰め込んだカスタムである。

コラム COLUMN

その男、天才銃器職人につき

ゴルゴという男は無口だ。そして他人に心を開くことは滅多にない。

そんな彼が信頼を寄せるのは自分と同様、不可能を可能にする究極のプロフェッショナルである。

その数少ない存在のひとりがデイブ・マッカートニーだ。

寂しい頭髪に出っ歯、丸メガネの冴えない風貌、口数が多く不平不満もストレートに口にするガサツな中年男。だが、その実体は天才的な技術を誇るガンスミス（銃器職人）である。

彼が初登場となったのは「AT PN-HOLE」なるエピソードだ。彼は顔合わせ直後にいきなりゴルゴのライフルの腕を試した。その無礼とも思える行為はプロがプロを認めるための最も率直で確実な方法であり、デイブはゴルゴが「本物」であることを即座に知ることとなる。

そして、蘊蓄と文句を垂れながらもゴルゴのオーダーを完璧以上のかたちにしたデイブにゴルゴは「ありがとう」と、嘘偽りのない感謝の言葉を投げる。この瞬間からゴルゴはデイブの上客にして、最も手強く厄介な依頼人となった。

以降、ゴルゴの様々な無理難題を見事にかたちにしてきたデイブの史上最大規模の仕事が「無重力空間で使用可能なM16」の製作である。「軌道上狙撃」において、アメリカ大統領直々の命により制御不能となった軍事衛星を破壊する一大スケールの任務を受けたゴルゴは、拉致という強硬手段でデイブに依頼を行う。それは緊急事態であり、前代未聞のオーダーを速時受諾させるための手段であると同時に、デイブに対するいささか手荒い「絶対的信頼」の現れであった。

そして、デイブは2日間不眠不休で《M16無重力仕様》を完成させる。目の下に隈を作り「グッドラック」と、ゴルゴに声をかけた後に床に倒れイビキを上げるその姿をゴルゴはしばし無言で見つめ部屋を出る。プロのプロに対する最大の敬意が無言で表される屈指の名シーンである。このエピソードで天才スナイパーと天才ガンスミスのぶっきらぼうな信頼関係は確固たるものとなったのだ。

その後も腐れ縁は続き、デイブを主役にした番外篇「武器屋の長い午後」では周囲から引退を勧告された彼を、ゴルゴが無茶な依頼で引き留めた。「また引退が伸びたな」。その言葉はゴルゴ流の賛辞であり、誰よりデイブ自身が望んでいた言葉に違いないだろう。

特別編

銃に関するQ&A

Gun's question

今回、カテゴリーごとにランキング形式で銃を紹介してきましたがいかがでしたでしょうか？ここでは、本文の解説に関連する銃の疑問をQ&A型式で詳しくご説明させて頂きます。どうぞブレイクタイムとしてお楽しみください。

※画像はショットガンに使用される弾のひとつであるコルク弾です。

銃に関するQ&A ハンドガン編

Q

リボルバーの「シングルアクション」と「ダブルアクション」の違いって何?

A

トリガー(引き金)を引いてひとつの動きをするか、ふたつの動きをするかの違いです。

本誌「ハンドガン編」でも頻繁にワードが登場するリボルバーの「シングルアクション(以下、SA)と「ダブルアクション(以下、DA)」それぞれの違いについてさらに詳しく解説しましょう。これらはハンドガンの撃発機構を表す用語であり、ライフルなどの他の銃で使う「○○アクション(例:ボルトアクションライフル)」という言葉との共通点はありません。

SAは、弾薬の底に埋め込まれている点火装置である「雷管」を打つ部品とトリガーが連動しない構造で、手動もしくは何らかの方法で雷管を打つ部品をセッティングした上で、トリガーを引くことで初めて発砲が可能となります。そのため、先にハンマーを手動で起こしてからトリガーを引く動作が必要なのです。

要は、ハンマーを起こしておき、トリガーを引くと、起きていたハンマーのつっかえが外れ「ハンマーが倒れる」というひとつ(シングル)の動きで発砲するということです。

一方、DAは雷管を打つ部品とトリガーが連動する仕組みとなっています。事前に他の操作は不要で、トリガーを引けば雷管を打つ部品が同時に作動して発砲が可能となります。この場合、トリガーを引くと、「ハンマーが起きる」、「次にハンマーが倒れる」というふたつ(ダブル)の動きで発砲されるというわけです。

DAはハンマーを起こすために力が必要となるため、トリガーはSAのものより重くなります。

それぞれ内部機構なので外観からその仕組みは確認できませんが、リボルバーにおいてはトリガーの位置で確認することが可能です。ハンマーが倒れた状態で、トリガーガード(用心鉄=トリガーを囲う楕円形状の枠)のやや中心部にトリガーが寄っているのがDA。同様の状態で、トリガーガードの奥側に寄っている(要は引き代が短い)のがSAです。「ハンドガン編」のDAとSAモデルそれぞれの画像をご参照頂ければ一目瞭然と思います。

Q 近年主流のプラスチック製自動拳銃って強度は問題ないの？

A 過酷な環境や衝撃に強い素材を使用しているので大丈夫です。

極論を述べると、銃というのは火薬が燃焼する際の高熱と高圧に耐える必要がある機関部とバレル（銃身）が鋼鉄製であればいいのです。実際、ライフルやマシンガンなどの銃は、バレルを乗せたり肩に当てたりする部分のストック（銃床）は20世紀後半まで多くが木製でしたし、拳銃のグリップに使用している素材は木やゴムであることも多いです。

リボルバー（回転弾倉式拳銃）の場合は、シリンダー（回転式弾倉）の中に弾を装填し、そこで火薬が燃焼するためシリンダー自体が鋼鉄製でなければなりません。また、それを囲むフレームも隙間から噴出するガスにさらされるため鋼鉄製である必要があります。しかし、自動拳銃になると弾の火薬はバレルの後尾にあるチェンバー（薬室）で燃焼し、チェンバーはスライドの裏側に組み込まれた金属の塊で栓をされているため、フレームにあまり負荷がかからないようになっているのです。そのため、機関部とバレル以外は軟らかく軽量な素材で構成することも可能となってきます。

自動拳銃のフレームとグリップに初めて強化プラスチック素材を採用したのは1970年代で、ドイツのH&K社が開発した「VP70」が世界初のモデルとなりました。しかし、実射性能とコスト面の問題で同銃は不発に終わったのです。

それから約10年後、「ポリマー2」なる新素材を採用した「グロック17」がオーストリアで開発され、世界中の注目を集めました。

ポリマーとは単純構造の分子が二分子以上結合してできる分子量の大きい化合物で、ポリ袋のポリエチレンなどの合成樹脂もその一種となります。グロックピストルの開発者ガストン・グロックが開発したポリマー2は摂氏2000度からマイナス60度の過酷な環境下においても劣化しない頑丈なプラスチックで、なおかつ軽量なのです。単なるプラスチックではなく、このような特殊素材を使用しているので強度には問題ありません。それ以降、老舗から新興まで多くの銃器メーカーがポリマーフレームピストルの開発・製造に乗り出したというわけです。

Q オートマチックライフルとアサルトライフルって具体的にどこがどう違うの？

A 現在の基準では、それぞれ民間用と軍用という分け方が一般的でしょう。

現在においてオートマチックライフルと呼ばれるモデルは、セミオートライフルがほとんどという状況です。

そもそも民間人がフルオート射撃が可能なオートマチック（全自動式）ライフルを使用する必要などありません。しかしながら、民間という括りには法執行機関も含まれています。警察などは重火器を使用した犯罪者に対処するため、軍用ライフルの性能を必要とする場合もあります。また、民間のガンマニアで、射撃場で軍用ライフルを撃ちたいという人たちもいるでしょう。

そのため、軍用のオートマチックライフルをセミオート（半自動）に制限したモデルが使用されたり、軍用モデルと区別するためグリップ（銃把）の形状を変えたりして民間に販売されています。

一方アサルトライフルですが、フルオートとセミオートが切り替え可能な軍用ライフルで、日本語に訳すと「突撃銃」となります。また、モデルによっては1回引き金を引くだけで2発、あるいは3発連射可能な「バースト機能」が搭載されているものもあります。

脱着可能なボックスマガジン（箱型弾倉）に装填した20〜30発の弾を連射、その作動方式は「ガスオペレーション」と呼ばれる、バレルの中で火薬が燃焼して発生する高圧ガスの勢いを利用して弾を発射する機構のものがほとんどです。

またアサルトライフルのもうひとつの特徴は「直銃床」であることです（一部モデルを除く）。これは連射時の反動を後方で真っ直ぐに受け止められるように、ストックがバレルの軸線上に配置されている状態を指します。そしてピストル型のグリップを採用し、トリガーに指を掛けやすい設計となっています。

オートマチックライフル＝セミオート式の民間用（法執行機関用含む）ライフル、アサルトライフル＝フルオート／セミオート切り替え可能な軍用ライフルという分け方が現代のスタンダードといえるでしょう。

Q 突撃用銃だからアサルトライフル（突撃銃）っていうの？

A あくまでも名称だけで、突撃用ではないのです

アサルトライフルの「アサルト」は、和訳すると「強襲、突撃」です。また、アサルトライフルの雛形といえるドイツ製の「StG44（※本誌「ライフル編」P95参照）」は「シュトゥルム ゲヴェーア（ドイツ語で突撃銃）」として第二次世界大戦中に開発され、その呼び名はかのヒトラーが命名しました。

その開発コンセプトは、敵の姿が明確に視野に入る近接戦闘に有効なライフルとサブマシンガン（短機関銃）の中間的な歩兵用軽量小火器。つまり、ライフルのような長距離射程は必要ないが、拳銃弾を撃つサブマシンガンは射程が短すぎて不便なため、従来のライフル弾を短小化して火薬量を減らし、サブマシンガンのようにフルオートで発射可能な銃が必要とされたことによります。

ドイツ陸軍兵器局が銃器メーカーの設計者たちに依頼し研究のすえに「MKB（マシーネン・カラビナー※英語でマシン・カービン）」として誕生。

しかし、戦争突入後に新型主力小銃の開発をしている余裕などないと、ヒトラーは開発中止を命令したのです。それでも「MP（マシーネン・ピストーレ※英語でマシン・ピストル）」の開発と偽って作業は進められ、「MP43」、「MP44」の名称で東部戦線に投入。ここで多大な戦果を収めたこともあり、やがてヒトラーもその性能を認めざるを得なくなり、自ら「StG44（シュトゥルム ゲヴェーア44）」と命名し大量生産に踏み切ったのです。

この「突撃銃」という名称は、今までにない新しいカテゴリーの小銃としてアピールするための宣伝的な意味合いで命名されたという見方が強いとされています。しかしながら、それまでの歩兵用主力銃だったボルトアクションライフルと比較して全長も射程距離も短い、近接戦闘向きの歩兵銃として「突撃」というフレーズはあながち間違ってはいないような気がします。

従来のライフルとサブマシンガンの中間に位置するアサルトライフルは以降、軍の主力火器として確固たる存在となりました。

銃に関するQ＆A マシンガン編

Q サブマシンガン＝マシンガンの小型版という解釈でOK？

A 実は他にも決定的な違いがあるのです

サブマシンガン＝短機関銃というだけあって、マシンガンを小型にしたものという認識の方も多いと思います。両方とも1度引き金を引けば弾が尽きるまで連射できるフルオート機能を持ち、中には確実に狙って撃つための単発射撃を選択できるモデルもあります。しかしながら、両者の違いは大きさだけではありません。その決定的な違いは使用する弾の種類が異なるということです。

マシンガンの場合、5・56㎜×45や、7・62㎜×39など薬莢が長く火薬量が多く高いエネルギーを持つライフル弾を使用します。当然破壊力も大きく、射程距離も長くなります。一方のサブマシンガンですが、拳銃弾を使用します。薬莢も短く、その分火薬量もさほど多くありません。

具体的にいうと、9㎜×19弾と・45ACP弾のいずれかとなります。ちなみに、・45ACP弾はアメリカ製のトンプソンサブマシンガンやM3サブマシンガンというひと昔まえに開発されたモデルか、20世紀末に開発されたドイツ製のH&K UMP、21世紀に開発された斬新なスタイルのサブマシンガン、クリス・ヴェクターにしか使用されていません。

基本的に戦地での互換性を目的として、拳銃弾と同じ弾を使用できるのがサブマシンガンの定義ということになります。

ただし、PDW（パーソナル・ディフェンス・ウェポン＝個人防衛火器）という新しいカテゴリーの銃器も、そのスペックからサブマシンガンに分類されることもありますが、拳銃弾以外の貫通力の強い専用弾を使用します。本誌「サブマシンガン編」P106でご紹介したベルギー製の「FN P90」は5・7㎜×28というライフル弾と似た先端が尖った弾を使用します。

また、サブマシンガンはボックスマガジン（箱型弾倉）を使用しますが、マシンガンの場合はメタルリンクと呼ばれる金属製の環と爪で弾を繋げるかたちの弾薬帯を使うことが多いのも大きな違いといえるでしょう。

Q

ショットガンでコルクや岩塩の弾を撃てるって本当なの？

A

本当です。他にも様々な種類の弾があるのです。

ショットガン（散弾銃）の一般的な弾薬はプラスチックでできた口紅ケース型のショットシェル（装弾）に複数の小さな球形弾を内包したものとなります。

その球弾は主に鉛の合金製で、大きさや入っている数は用途によって様々なものがあります。例を挙げると、鳥撃ち用はかなり小さい球弾が数百発、鹿サイズの大きさの動物や対人用なら直径9㎜ほどの球弾が10発くらい入っています。

発砲すると、その散弾が一度に発射され拡散するのです。

しかし、殺傷を目的としない特殊仕様の弾もいくつか存在します。例えば警察官が犯罪者を無傷で捕らえたい場合に使用するのが、ゴム、コルク、岩塩、催涙ガス入りなどです。『007 美しき獲物たち』、『キル・ビル Vol・2』などの映画でも、岩塩弾が使用されるシーンがあり、ご覧になった方も多いのではないでしょうか？

また、熊などの大型動物が対象だったり、頑丈なドアを撃ち破りたいときなどは薬莢にスラッグ弾と呼ばれる大きなサイズの一粒弾を入れた装弾を使用したりします。ハンドガンやライフルなどほとんどの銃のバレル内に彫られているライフリング（旋条と呼ばれる、弾に回転を与えて真っ直ぐに飛ばすための溝）が、ショットガンにはないため「ライフルド・スラッグ」なるスラッグ弾自体にライフリングが施されたものもあります。

ただ例外としてバレル内部にライフリングが施されたモデルも存在し、通常であれば有効射程距離40ｍほどのショットガンでも、ライフリングがあれば約3倍も距離が延びます。このタイプのショットガンに使用するのが、命中時に外側に広がるように先端に切れ目がある一粒弾「サボ・スラッグ」です。サボは「木靴」の意味ですが、いってみれば包む容器のことでダーツの矢を数本サボに入れた「フレシェット弾」なる装弾もあります。

当然ながら、これら多種多様の装弾はそれぞれ火薬の種類と量が異なります。

銃に関するQ&A スナイパーライフル編

Q スナイパーはなぜボルトアクションライフルを好むの？

A 確実に標的を狙う一撃必殺に適したライフルだからです

狙撃というのは、じっくりと狙って撃つ一撃必殺が要なので速さは求められていません。ボルトアクション式ライフルは現代のアサルトライフルやセミオートライフルと比較すれば、続けて弾を発射するスピードははるかに遅くなります。その発射機構は、チェンバー（薬室）を開閉するボルトを手動で前後に動かして操作するというものです。ボルトには握りやすいハンドルが付いていて、チェンバーに栓をする際にはハンドルを下向きに固定しておき、チェンバーから空になった薬莢を排出するときには一旦上げてから後方へ引く操作を行います。

当然ながら、この一連の操作が必要なボルトアクションライフルは近接戦闘や弾数勝負の撃ち合いには不向きです。しかしながらその命中精度は極めて高く、安定した射撃を行うことができます。それが狙撃に向いている最も大きな理由となるのです。また、銃口にサプレッサー（減音器）を装着すれば、発射音を軽減できるため相手はどの方向から弾が放たれたかすぐに確認できないので、その隙に2発目の狙いを定めて撃つこともできます。

そもそもボルトアクションライフルにはハンマー（撃鉄）がありません。つまり、トリガーを引いてハンマーのつっかえを解除し、ハンマーが撃針を叩くというプロセスがありません。トリガーを引くとすぐに撃針が真っ直ぐ前進して弾の底に埋め込まれた点火装置を打って撃発となります。そのため銃のブレを最小限に抑えることが可能となり、命中率が高くなるというわけです。

また、ボルトアクションライフルの多くが、肩当てとなる部分とバレルを載せている部分のストックが一体化されている点も、射撃時のブレを軽減させるのに大きく役立っているのです。

ボルトアクション機構が初めて実用化されたのが１８３０年代。幾度も改良されたとはいえ旧式の発射機構を持つ手動式ライフルが現在もなお多くのスナイパーに使用され、絶大な信頼を得ているのには、そういう理由があるのです。

銃の暴発ってどのような状況で発生するの？

A 原因は大きく分けて人為的ミスと銃本体の機械的トラブルの2つです。

本文の銃の解説において「暴発」というワードが登場しています。標的を定めて発射する以外、慎重に扱うことが大前提の銃が暴発すると、自分や他人の命を不本意に奪う可能性が高く危険です。では、どのようなことが原因で暴発が発生するのでしょうか？

これは大きく分けて2つの原因が考えられます。まず1つは銃を手にしている人間の不注意です。安全装置がかかっていると思い込んで銃をいじったり、弾が装填されていないと信じ込んで引き金を引いてしまうなど、未然に防ぐことが可能なケースであり、実際子供が死亡する痛ましいニュースを耳にしたこともおありでしょう。それ以外でも、銃を落としたり、何かに引き金が引っかかった拍子に暴発するということもあります。

一方、機械的トラブルについては銃自体に起因するものです。代表的なものが「クックオフ」と「スラムファイヤー」と呼ばれる連射可能な銃に見られる暴発現象です。

前者は、連射を続けるうちに銃自体が過熱し、薬莢の中の火薬が自然発火してしまう現象です。これにより、トリガーを引かないのに勝手に弾が次々と発射されてしまうという制御不能状態になってしまうのです。

後者は、セミオートマチック式の銃に多く見られる機能不全のひとつで、弾の底を打つ撃針が突き出たまま動かなくなり、トリガーを戻しても発砲が続いてしまう制御不能状態を指します。この「スラムファイヤー」は、旧式のポンプアクション式ショットガンの連射に意図的に採用されたり、安物のサブマシンガンを指す俗称として使われたりもしています。

銃の安全機構の進歩により機械的トラブルは昔に比べて減少していますが、人為的ミスは未だ多く発生しているようです。海外のYoutube動画でも銃によるアクシデントを映したものが多くありますが、いずれも一歩間違えれば大惨事です。日本では身近に銃はないものの、BB弾を撃つエアガンの取り扱いにおいても同様に注意を払うことが大切ですね。

銃に関するQ&A その他編

Q サプレッサー（減音器）はどの銃にも付けられるの？

A リボルバーには無意味、オートマチックも銃身の交換が必要です。

サプレッサー（またはサイレンサー）は銃の発射音（火薬の燃焼ガスが銃口から放出する際に発生する破裂音）を軽減する装置です。

よく映画で筒状のサプレッサーを拳銃の銃口にねじ込んで装着するシーンが登場し、銃口内にネジが切ってあると錯覚する方も多いようです。

しかし、銃口の内側にはめ込んだら弾の通り道が狭くなってしまいます。

また昔の作品では、リボルバーにサプレッサーを装着して使う描写があったりしますが、銃口以外の場所（バレルの後ろ端とシリンダーの間にある隙間）から音が漏れるため減音効果が望めないので、サプレッサーの意味がありません。これらはあくまでフィクションとしてお楽しみ下さい。

減音効果が期待できるオートマチック拳銃への取り付けに関しては、銃口の外側から取り付けます。ただし、最初からサプレッサー装着用のネジが切ってあるバレルなどほとんどありません。そのため、バレルの外周にネジを切って、スライドから少し突き出る長めのバレルを用意して付け替える必要があるのです。

ネジでなくワンタッチでバレルの外周にはめ込むタイプのサプレッサーもありますが、これに関しても同様にはめ込み式の長めのバレルに付け替えないと装着できません。

また例外として、サプレッサー一体型、バレル交換不要の専用サプレッサーがセットとなっているオートマチック拳銃やサブマシンガン、ライフルなどがありますが、これらは主に軍の特殊部隊向けに作られたモデルとなります。

ちなみに民間人がサプレッサーを所持することも可能です。アメリカのＮＦＡ（連邦火器法）による規制でサプレッサーは「タイトルⅡウェポン」というカテゴリーの火器に該当するため、所定の手続きを行い許可がおりれば所持できます。

なお、かつてはサプレッサーを「消音器」と呼んでいましたが、全く音が消えることはないとの専門家の指摘により、最近では「減音器」という呼び方のほうが浸透しているようです。

各部名称ガイド

Part name guide

銃の各部の名称を銃の写真をもとに解説。銃の紹介ページに登場する専門用語の説明で分かりづらい箇所は、こちらを参考にして頂きたい。

アサルトライフル
各部名称ガイド

リアサイト
照準装置。狙うときはこのリアサイトからフロントサイトを覗いて、両方のサイトを目標に合わせる。リアサイトは上下左右に微調整が可能なものが多い。

ストック
撃つときに肩に当てて銃を安定させるためのもの。伸ばしたり縮めたりすることができるタイプもある。

バットプレート
撃つときに肩に当たる面に付いている部品。平らなものもあれば、滑りにくいようにゴツゴツしているものもある。衝撃吸収のためにゴムでできているものが多い。

セイフティ
安全装置。発射しないときは常にオン（弾が出ない位置）に合わせておく。弾の発射方法を変えるセレクターレバーを兼ねていることもある。

トリガー
引き金。これを引くことで弾が発射される。

グリップ
撃つときに握る場所。基本的に利き腕のほうの手で握り、人差し指だけ伸ばしてトリガーを引く。

トリガーガード
トリガーにうっかり触ってしまったり、何かがトリガーに当たって弾が発射されてしまったりしないようにするためのもの。

ASSAULT RIFLE

バレル

銃身。このパイプの中で弾は加速される。これが歪んだり、中が汚れてしまったりすると性能は極端に落ちる。バレルのクリーニングはメンテナンスの基本だ。

フロントサイト

照準装置。狙うときはリアサイトからこのフロントサイトを覗いて、両方のサイトを目標に合わせる。

フラッシュハイダー

マズルの周りを覆う部品。実銃では、弾を発射したときに銃口から飛び出る閃光を少しでも隠すために取り付けられている。

ハンドガード

撃つときにグリップを持っていないほうの手でここを握る。実銃では、射撃を続けているとバレルが熱くなるので、その熱から手を守るためのものでもある。

マズル

銃口。弾が発射される場所。たとえ弾が入っていなくても、マズルはターゲット以外の方向には向けないように注意しよう。

マガジン

弾倉。この中に弾が入っている。撃つ直前まで銃には装着しないように心がけよう。

ボルトアクションライフル
各部名称ガイド

マウントリング

マウントベースにスコープを固定するための器具。

スコープ

より正確に狙うため銃に装着する望遠鏡。覗くと中に十字の線（レティクル）があり、ダイヤルで上下左右に微調整が可能だ。

フォアエンド

撃つときに、利き腕ではないほうの手で支える部分。

バイポッド

撃つときに、これを下におろして脚のようにして銃を安定させる。

BOLT ACTION RIFLE

チークパッド
狙うときに、頬をここに押し当てて安定させる。目の位置とスコープの位置を合わせるために、上下に調整が可能なものもある。

マウントベース
スコープを固定するための台。銃にもともと取り付けられているものと、後から別のパーツを取り付けるタイプのものがある。

バットプレート
狙うときに、肩をここに押し当てて安定させる。射撃姿勢を安定させるために、位置の調整が可能なタイプのものもある。

ボルト
この部品を前後に動かすことで弾の発射準備が整う。

ストック
ボルトアクションライフルの場合、バレルや機関部が載っている木製、あるいはプラスチック製の部分全部をまとめてストックということが多い。

ボルトハンドル
ボルトを動かすための取っ手。操作方法は、まず上に回し、それから後ろに引き、最後まで引いたら戻して下に回して固定するタイプのものが多い。

ハンドガン
各部名称ガイド

AUTOMATIC PISTOL
オートマチックピストル

バレル
銃身。オートの場合、完全にフレームに固定されておらず少しガタガタ動くこともあるが、弾が発射されるときにはきちんと固定される。

ディスアセンブリーレバー
バレルの掃除などのために、スライドとフレームを分解するときに操作するレバー。スライドストップと兼用になっているものもある。

リアサイト
狙いを付けるのに使う。上下左右に微調整が可能なものもある。

スライド
弾を発射したときに前後に動くパーツ。スライドが前後に激しく動くことを「ブローバックする」という。ブローバックによって、次に撃つ弾がセットされ、ハンマーが起こされる（ハンマーは起こされないタイプのものもある）。

ハンマー
これが起きて、勢い良く倒れることで弾が発射される。オートの場合はスライドの動きによって自動で起こされることが多い。

フロントサイト
狙いを付けるのに使う。

マズル
銃口。弾が発射される場所。リボルバーと同じく、どんなときでも、マズルはターゲット以外の方向に向けないのが基本マナー。

スライドストップ
スライドを後退した状態で固定する必要があるときに使われるレバー。弾を全部撃ち尽くすと自動的に作動し、スライドが後退した位置で停止する。それを前に戻すときにもこのレバーを操作する。

セイフティ
安全装置。これをオンにしておけば、トリガーを引いても弾は発射されない。ハンマーを安全に倒す「デコッキングレバー」を兼ねているタイプの銃も多い。

フレーム
スライド以外の部分をまとめてフレームという。オートの場合グリップと一体になっていることが多いため、「グリップフレーム」という呼び方をすることもある。

トリガー
これを引くことで弾が発射される。オートの場合はリボルバーと違い、次の弾の発射準備はすべて自動で行われるため、ほんの少しトリガーを動かすだけで弾を発射できるのが利点。

マガジンキャッチ
グリップの中に差し込んだマガジンを抜くときに押すボタン。

グリップ
銃を撃つときに握る場所。

マガジン
グリップの中に箱が差し込んであり、その中に弾が入っている。弾が発射されるたびに、一番上の弾が順番に送り込まれ、発射準備が整う。

アンダーマウントレール
フレームの前端に刻まれた溝。ピカティニーレールなどの呼び方もある。小型の強力なライトやレーザー・サイトなどを取り付けるためのマウントだ。

トリガーガード
トリガーにうっかり触ってしまったり、何かがトリガーに当たって弾が発射されてしまったりしないようにするためのもの。

HAND GUN

REVOLVER
リボルバー

フロントサイト

狙いを付けるのに使う。リアサイトの谷間からフロントサイトを覗くような形で狙う。

エジェクターロッド

実銃では、撃ち終わった弾の殻をシリンダーから押し出すときに使う。

ハンマー

これが起きて、勢い良く倒れることで弾が発射される。指で直接ハンマーを起こしてから撃つ方法（シングルアクション）と、トリガーを引くことで自動的にハンマーが起きて倒れる方法（ダブルアクション）の、2通りの撃ち方がある。

バレル

銃身。このパイプの中で弾は加速される。長いほうがパワーも高く、よく当たる傾向にある。

リアサイト

狙いを付けるのに使う。上下左右に微調整が可能なものもある。

シリンダーラッチ

シリンダーを横に振り出す（スイングアウト）際に操作するレバー。これを押すことでシリンダーのロックが外れる。実銃メーカーによっては、押すのではなく引くことでロックが外れるモデルもある。

マズル

銃口。弾が発射される場所。どんなときでも、たとえエアガンに弾が入っていなくても、マズルはターゲット以外の方向には向けないように注意しよう。特に拳銃の場合は、ライフルのように長い銃と違って、「ついうっかり」をやってしまいがち。常にマズルの向きには気を配ろう。

ヨーク（クレーン）

シリンダーを横に振り出すことができるモデルの、シリンダーとフレームをつなぐ部品をこう呼ぶ。実銃のメーカーによって呼び方が違う。
コルト：ヨーク
S&W：クレーン

トリガーガード

トリガーにうっかり触ってしまったり、何かがトリガーに当たって弾が発射されてしまったりしないようにするためのもの。

グリップ

銃を撃つときに握る場所。利き腕だけで握る「シングルハンド」と、利き腕で握った上からもう片方の手を被せて両手でしっかり握る「ダブルハンド」という撃ち方の2通りがある。

シュラウド

「覆う物」という意味。エジェクターロッドを覆うパーツをエジェクターロッドシュラウドという。リボルバーの中には、これがないモデルもあり、それは「シュラウドレス」と呼ばれる。

シリンダー

回転する筒の中に弾が入っている。トリガーを引いたときに、その動きに連動してシリンダーも回転する。

トリガー

弾を発射するためのレバー。引き金ともいう。トリガーを引くと、倒れているハンマーが起き上がり、それと同時にシリンダーが回転する。トリガーを引き続けるとシリンダーがロックされ、さらに引くとハンマーが倒れて弾が発射される。トリガーを引いてもシリンダーが回転しないタイプの銃もある。

執筆……………………… 株式会社スリーピングホーク、mo-ta、taku
写真……………………… 菊池 雅之、G.O.S.R.、Gonbuto、土井一秀、KOGAKEN、キャプテン中井、アフロ、
NOVEL ARMS、Dake、MatthewVanitas、Jason Bateman、Dr.mike、
CynicalMe、Meniscus、Fluzwup、Mulhollant、Rama、Hokos、MathKnight、
Razumhak、Niedz'wiadek78、Bukvoed、http://www.adamsguns.com/、
Rama、Quickload at en.wikipedia、Curiosandrelics、
Mak Thorpe, taken 2006 at Battery Randolf US Army Museum, Honolulu.、
www.defenselink.mil、Andrzej Barabasz、SGT Edward Siguenza / DVIDS、
PO2 Jonathan Husman / DVIDS、Lance Cpl. Alexander Hill/Released、
U.S.Navy、SFC Matthew Veasley / DVIDS、Marcomogollon、
Marcoantoniothomas、LCpl Sullivan Laramie / DVIDS、
GySgt Ezekiel Kitandwe / DVIDS、SPC Tristan Bolden / DVIDS、
United States Army、Sgt Kyle McNally / DVIDS、Cpl Anna Albrecht / DVIDS、
Imperial War Museums、From German Federal Archives、Mattsip、
Cpl Timothy Childers / DVIDS、US National Archives、
CPL Maxiliano Garza / DVIDS、Vieth / German Federal Archive、UMAREX

表紙・本文デザイン…… 川瀬 誠
企画・編集……………… 株式会社スリーピングホーク
編集協力………………… さいとう・プロダクション
G.O.S.R.(グアム野外射撃場)
菊池 雅之(軍事フォトジャーナリスト)
ノーベルアームズ(http://www.novelarms.co.jp/)
東京マルイ(http://www.tokyo-marui.co.jp/)
ハートフォード(http://www.hartford.co.jp/)
ウエスタンアームズ(http://www.wa-gunnet.co.jp/)
アンクル上野店(http://uncle-shop.com/)

世界の名銃100
完全実力ランキング

2018年3月9日 第1刷発行

編者……………………… 別冊宝島編集部
発行人…………………… 蓮見清一
発行所…………………… 株式会社宝島社
〒102-8388 東京都千代田区一番町25番地
電話 (編集)03-3239-0927
(営業)03-3234-4621
http://tkj.jp
印刷・製本……………… 株式会社リーブルテック

ISBN978-4-8002-8124-1